算数

小学1 2 3年生の

学習を
おさらい
できる本

この本の使い方

この本では，長さ・かさ・重さ・時間など，きほんの単位をマスターします。
単位どうしの大きさのかんけいをつかみ，単位の計算や，単位の換算をおさらいしましょう。
小学1・2・3年で習う「単位」の学習のツボをおさえましょう。

❶ツボその1から，じゅんに取り組もう。

❷「できるかな？」
いまの力をチェックしよう。

❸「大事なツボ！」
ヒントやおぼえておきたいコツなど，
ツボを教えるよ。

❹「やってみよう！」問題をときながら
ツボをおさらいするよ。
わからなかったら答えを見よう。

❺練習問題にチャレンジしよう。
答え合わせをして，まちがっていたら
直して100点にするよ。

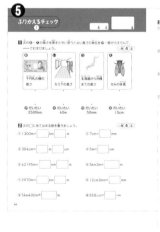

❻すべてのツボの学習が終わったら，
にんていテストでしあげのテスト。

❼にんていテストが100点になったら，
さいごのページの「にんていしょう」に
日にちと名前を書きこもう。

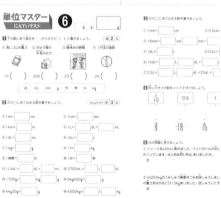

算数
小学 1 2 3 年生の

単位をおさらいできる本

この本の使い方…2
もくじ…3
1・2・3年
　単位まとめ表
　（単位の換算表）…4

単位まとめ表（単位の換算表）

1 長さの単位

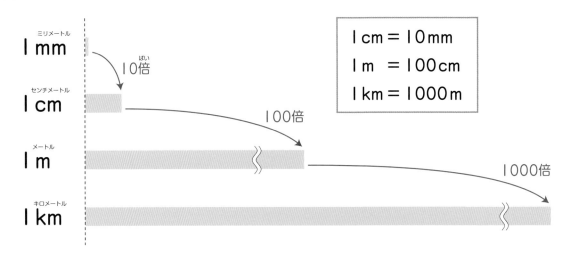

$$1cm = 10mm$$
$$1m = 100cm$$
$$1km = 1000m$$

2 かさの単位

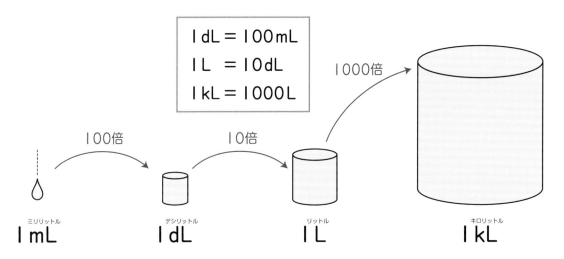

$$1dL = 100mL$$
$$1L = 10dL$$
$$1kL = 1000L$$

小数で表す単位

1 長さの単位

$$1mm = 0.1cm$$
$$1cm = 0.01m$$
$$1m = 0.001km$$

2 かさの単位

$$1mL = 0.01dL$$
$$1dL = 0.1L$$
$$1L = 0.001kL$$

③ 重さの単位

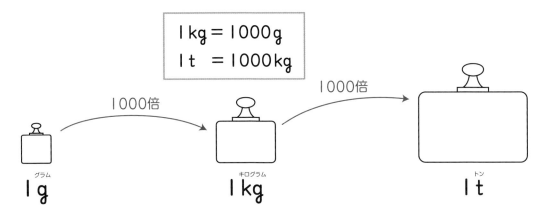

$$1kg = 1000g$$
$$1t\ \ = 1000kg$$

1000倍

1000倍

グラム
1 g

キログラム
1 kg

トン
1 t

④ 時間の単位

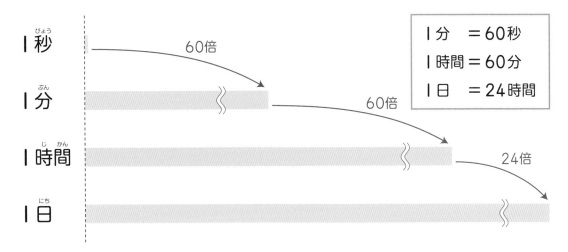

1分	＝60秒
1時間	＝60分
1日	＝24時間

びょう
1秒

ぶん
1分

じ　かん
1時間

にち
1日

60倍

60倍

24倍

単位どうしのかんけいが
わからなくなったら，
このページにもどって
かくにんすればいいね！

次のページからはじまるよ！

月　日

cm, mm, m, kmが表す長さをおさえよう!

できるかな?

☑ 次のあ〜えの長さを表すときに使うとよい長さの単位を
ア〜エからえらんで，——でむすびましょう。

あ	い	う	え
えんぴつの長さ	ホウセンカのたねの大きさ	教室の前から後ろまでの長さ	マラソンせん手が走る長さ

ア **cm** センチメートル　　イ **m** メートル　　ウ **km** キロメートル　　エ **mm** ミリメートル

大事なツボ! 長さは身の回りの物でおぼえよう。
1cmはつめの長さ，1mは両手を広げたぐらい。

長さの単位には，cm，mm，m，kmの4しゅるいがあります。

センチメートル 1cm	ミリメートル 1mm	メートル 1m	キロメートル 1km
人さし指のつめのはばは，だいたい1cmです。	CDやDVDのあつさは，だいたい1mmです。	両手を広げた長さはだいたい1mです。	20分間歩いて進める長さはだいたい1kmです。
はがきの横はばは，10cmです。	5円玉のあなの大きさは，5mmです。	学校のプールの長さは25mです。	1時間くらい歩いて進める長さはだいたい3kmです。

答え あ—ア cm，い—エ mm，う—イ m，え—ウ km

1 次の①～⑥の絵を見て,（ ）にあてはまる長さの単位を書きましょう。

① 消しゴムの長さ

5 （　　　　）

② つくえの横の長さ

60 （　　　　）

③ 天じょうの高さ

2 （　　　）70 （　　　）

④ 教科書のあつさ

やく5 （　　　　）

⑤ 体育館のたての長さ

やく30 （　　　　）

⑥ 東京から大阪までの長さ

やく400 （　　　　）

おぼえているかな？

長さの単位をなぞって書いてみましょう。

cm　cm
▲センチメートル

mm　mm
▲ミリメートル

m　m
▲メートル

km　km
▲キロメートル

そうなんだ！ 昔の長さの単位1

　メートルという単位がなかった昔，日本では体の一部を使って単位としていました。体でだいたいの長さを知っていると，長さを調べるときに役立ちます。

1つか（束）	1あた	1ひろ（尋）
こぶし1つ分の長さ。だいたい8cm。	親指と中指を広げた長さ。だいたい20cm。	両手を広げた長さ。だいたい1m。

ツボ その**2** 長さの単位どうしのかんけいをおさえよう！

できるかな？

☑ 次の**あ**〜**え**と同じ長さを表している長さを，
ア〜**エ**からえらんで，——でむすびましょう。

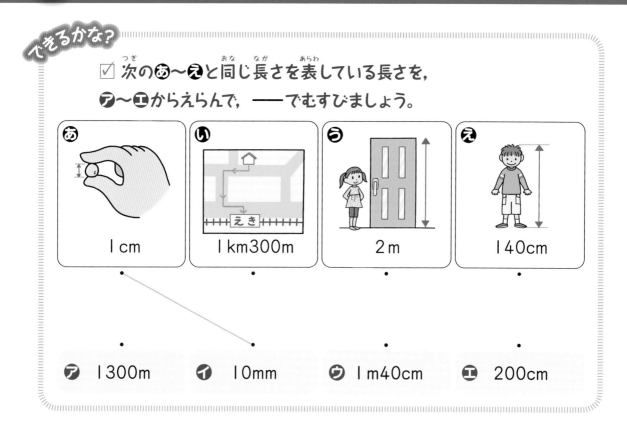

| **あ** | **い** | **う** | **え** |
| 1cm | 1km300m | 2m | 140cm |

ア 1300m　　**イ** 10mm　　**ウ** 1m40cm　　**エ** 200cm

 大事なツボ！ 長さの単位は10倍，100倍，1000倍とかわっていくよ。

長さの単位には，短い長さを表す単位から，長い長さを表す単位までありますね。
単位どうしのかんけいをおさらいしましょう。

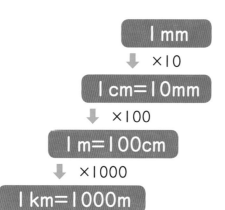

1mm
↓ ×10
1cm=10mm
↓ ×100
1m=100cm
↓ ×1000
1km=1000m

長さの単位は10倍，100倍，1000倍と
左のようにかわっていきます。

あ 1cm=10mm
い 1km=1000m だから，1km300m=1300m
　　　　　　　　　　　　　　 1km　300m
う 1m=100cm だから，2m=200cm
え 1m=100cm だから，140cm=1m40cm
　　　　　　　　　　　　　 100cm　40cm

答え **あ**ー**イ**10mm，**い**ー**ア**1300m，**う**ー**エ**200cm，**え**ー**ウ**1m40cm

1 次の□にあてはまる数を書きましょう。

① 2cm= ⬚ mm

② 1cm5mm= ⬚ mm

③ 5cm3mm= ⬚ mm

④ 30mm= ⬚ cm

⑤ 24mm= ⬚ cm ⬚ mm

⑥ 1m= ⬚ cm

⑦ 1m56cm= ⬚ cm

⑧ 400cm= ⬚ m

⑨ 246cm= ⬚ m ⬚ cm

⑩ 1km= ⬚ m

⑪ 1km1m= ⬚ m

⑫ 2km50m= ⬚ m

⑬ 2000m= ⬚ km

⑭ 2700m= ⬚ km ⬚ m

⑮ 190cmは ⬚ mと ⬚ cmを合わせた長さです。

⑯ 2040mは ⬚ kmと ⬚ mを合わせた長さです。

大事なツボの単位の
かんけいをかくにん
してといていこう。

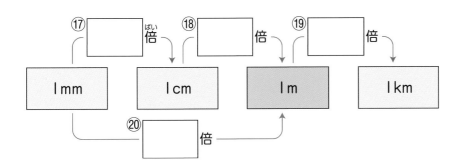

⑰ ⬚ 倍

⑱ ⬚ 倍

⑲ ⬚ 倍

| 1mm | 1cm | 1m | 1km |

⑳ ⬚ 倍

1000m=1km
100cm=1m
10mm=1cm
1000mm=1m

月　日

長さの単位のたし算・ひき算をしよう！

できるかな？

☑ 次の計算をしましょう。

① 3cm＋4mm＝ □ cm □ mm

② 7m50cm－2m＝ □ m □ cm

単位をよく見て
計算しよう。

大事なツボ！

3cm＋4mm＝7mm ✗

3cm＋4mm＝7cm ✗

同じ単位ごとにたしひきしよう！

同じ単位ごとに計算しよう！

・3cmと4mmを合わせて，3cm4mm ○

■■■■ ＋ ■ ＝ ■■■■■

・3cm＋4mm＝7mm ✗　これでは3mmに4mmをたしたことになります。

・3cm＋4mm＝7cm ✗　これでは3cmに4cmをたしたことになります。

筆算をするときは，同じ単位でそろえます。

①
```
     3cm
 +   4mm
   3cm 4mm
```

②
```
   7m 50cm
 −  2m
   5m 50cm
```

同じ単位でたてにそろえると，見やすいね。

答え ①3cm4mm　②5m50cm

おぼえているかな？

単位がそろっていなくて計算できないときには，単位をかえましょう。

1cmから3mmひくときは，1cm＝ 10 mm　だから，10mm−3mm＝7mm

やってみよう！

1 次の計算をしましょう。

① 5cm＋2mm＝

② 3m＋15cm＝

③ 300m＋1km＝

④ 13cm2mm＋4cm＝

⑤ 5m40cm＋10cm＝

⑥ 2km750m＋1km20m＝

⑦ 9cm7mm－2cm＝

⑧ 3m50cm－25cm＝

⑨ 25m30cm－15m＝

⑩ 1km200m－1km50m＝

2 次の問題に答えましょう。

(1) ひろきさんは友だちの家によってから，公園に行きました。
道のりやきょりは図の通りです。

① 道のりは，何km何mですか。

式

（　　　　　　　　　）

② 道のりときょりのちがいは何mですか。

式

（　　　　　　　　　）

(2) りくさんは手をのばすと，ゆかから160cmです。
バスケットリングの高さは2m65cmです。
どれだけジャンプすればリングに手がとどきますか。

式

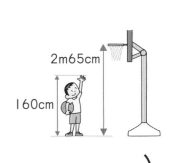

（　　　　　　　　　）

11

ツボ その4　くり上がり・くり下がりのある長さのたし算・ひき算をしよう!

でぎるかな?

☑ **次の問題に答えましょう。**

① 2m90cmと1m30cmの紙テープがあります。2本のテープを合わせると,何m何cmになりますか。

式　　　　　　　　　　　　（　　　　　　　　　）

② ホウセンカのめが前回4cm7mmでした。今日はかったら,6cm3mmありました。どれだけのびましたか。

式　　　　　　　　　　　　（　　　　　　　　　）

大事なツボ! **10mmこえたらcm,100cmこえたらm,1000mこえたらkm,くり上がり・くり下がりに気をつけよう。**

長さの計算は,くり上がりとくり下がりに注意がひつよう!

・2m90cm+1m30cmは図で考えると,

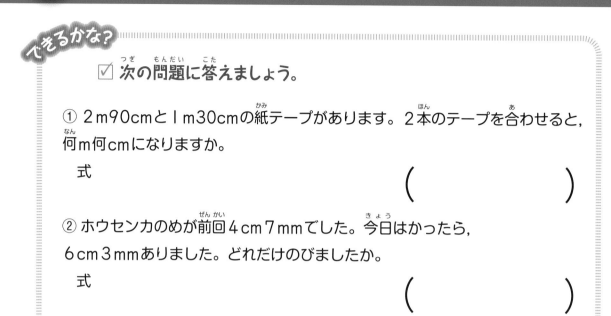

90cm+10cm
=100cm=1m

2m90cm+1m30cm=3m+1m20cm=4m20cm
　　　　　　　　　　　10cm　　1m20cm

筆算をするとわかりやすくなります。

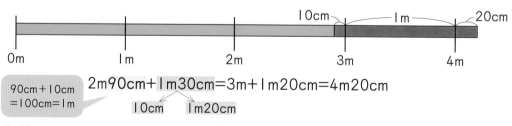

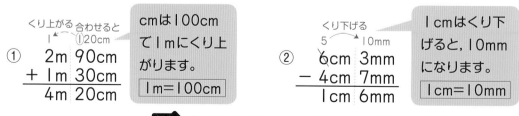

答え　① （式）2m90cm+1m30cm=4m20cm　（答え）4m20cm
　　　② （式）6cm3mm−4cm7mm=1cm6mm　（答え）1cm6mm

1 次の計算を筆算でしましょう。

① 1cm2mm+3cm9mm

      1cm 2mm
  + 3cm 9mm
  ―――――――――

② 7cm+1m95cm

  + ―――――――――

③ 5km900m+8km200m

④ 3cm5mm−1cm8mm

⑤ 5m−3m40cm

⑥ 2km350m−1km800m

2 右の地図を見て，次の問題に答えましょう。

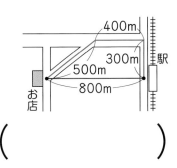

① 駅からお店までの道のりは何km何mですか。

  式

              （　　　　　　　　　）

② 駅からお店までの道のりときょりのちがいは何mですか。

  式

              （　　　　　　　　　）

そうなんだ！　昔の長さの単位2

　　　　　　昔の長さを表す単位には「束」「あた」「尋」，これいがいにも1里（やく4km），1尺（やく30cm），1寸（やく3cm）などがあります。中には今でも使われている単位があります。たとえば花火玉の大きさは尺と寸で表します。大きいもので4尺あります。1尺はやく30cmだから，4尺でやく120cm，つまり1m20cmの花火玉です。大玉転がしの大玉くらいありますね。

1 次の**あ**〜**え**の長さを表すときに使うとよい長さの単位を**ア**〜**エ**からえらんで，──でむすびましょう。

I問 **4** 点

あ 千円札の横の 長さ

い ろう下の長さ

う 北海道から沖縄 までの長さ

え せみの体長

ア だいたい 2500km

イ だいたい 40m

ウ だいたい 50mm

エ だいたい 15cm

2 次の□にあてはまる数を書きましょう。

I問 **4** 点

① 1300m=□km□m

② 7cm=□mm

③ 304cm=□m□cm

④ 5m=□cm

⑤ 42195m=□km□m

⑥ 5km3m=□m

⑦ 2070m=□km□m

⑧ 12cm3mm=□mm

⑨ 5km400m=□m

⑩ 250mm=□cm

3 次の計算をしましょう。 １問 **4** 点

① 6m55cm＋4m＝

② 4cm9mm－9mm＝

③ 53cm＋75cm＝

④ 7mm＋3cm＝

⑤ 1km－600m＝

⑥ 8m27cm－5m＝

⑦ 4km300m＋800m＝

⑧ 3m60cm－67cm＝

4 次の問題に答えましょう。 １問 **6** 点

　ひろきさんは図書館によって本を返してから，児童館へ行きました。道のりやきょりは図の通りです。

① 道のりは，何km何mですか。

　式

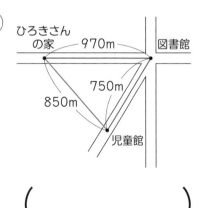

（　　　　　　　）

② 道のりときょりのちがいは何mですか。

　式

（　　　　　　　）

15

ツボ その5　L, dL, mL, kLが表すかさをおさえよう！

できるかな？

☑ 次の**あ**〜**え**のかさを表すときに使うとよいかさの単位を
ア〜**エ**からえらんで，——でむすびましょう。

あ	**い**	**う**	**え**

ヨーグルトカップに入る水のかさ	牛乳パックに入る水のかさ	目薬の入れ物に入る水のかさ	タンクローリーに入る水のかさ

ア　kL　　　　**イ**　L　　　　**ウ**　dL　　　　**エ**　mL
　キロリットル　　　リットル　　　デシリットル　　　ミリリットル

大事なツボ！

かさも長さと同じように身の回りの物でおぼえよう。
1mLは目薬，1dLはヨーグルトカップ，1Lは牛乳パック。

かさの単位には，L，dL，mL，kLの4しゅるいがあります。kLはまだ習っていませんが，いっしょにおぼえておきましょう。

リットル 1L	デシリットル 1dL	ミリリットル 1mL	キロリットル 1kL
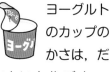 牛乳パックの大きなパックのかさは，1Lです。	ヨーグルトのカップのかさは，だいたい1dLです。	目薬の入れ物のかさはだいたい10mLです。	タンクローリーに入るかさは1kLより大きいです。
大きなペットボトルのかさは，2Lです。	きゅう食で出る牛乳のかさは2dLです。	コーヒーに入れる小さなミルクのようきのかさはだいたい3mL。	タンクローリーの後ろの表示。何kL入っているかわかります。

答え **あ**ー**ウ**dL，**い**ー**イ**L，**う**ー**エ**mL，**え**ー**ア**kL

1 次の①〜⑥の絵を見て，（ ）にあてはまるかさの単位を書きましょう。

① 水とうに入る水の
かさ

やく8 （　　　　　）

② おふろ1ぱい分の
水のかさ

やく200 （　　　　　）

③ シャンプーの入れ
物に入る水のかさ

やく5 （　　　　　）

④ スプーン1ぱい分
の水のかさ

やく5 （　　　　　）

⑤ コップ1ぱい分の水の
かさ

やく1 （　　　　　）

⑥ プールに入る水のかさ

やく400 （　　　　　）

おぼえているかな？

かさの単位をなぞって書いてみましょう。

L
▲リットル

dL
▲デシリットル

mL
▲ミリリットル

kL
▲キロリットル

そうなんだ！ 身の回りのかさの単位の記号

かさの単位はいろいろなところで使われていますが，記号の書き方がちがうものがあります。

L（リットル）はℓや l などがあります。
どれも同じLを表しています。

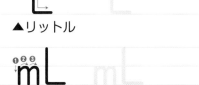
1000 ml

栄養成分（1000ml当り）
エネルギー、タンパク質、脂質、炭水化物

「cc（シーシー）」と書かれている物もあります。
1ccは1mLと同じかさです。

17

ツボ その6 かさの単位どうしのかんけいをおさえよう！

でき るかな？

☑ 次の**あ**〜**え**のかさと同じ大きさのかさを表しているかさを

ア〜**エ**からえらんで——でむすびましょう。

あ	**い**	**う**	**え**
1000mL	4kL	1L800mL	500mL

ア 4000L　　**イ** 5dL　　**ウ** 1L　　**エ** 1800mL

大事なツボ！ かさの単位は100倍，10倍，1000倍とかわっていくよ。

かさの単位には，小さいかさを表す単位から，大きいかさを表す単位まで
ありますね。単位どうしのかんけいをおさらいしましょう。

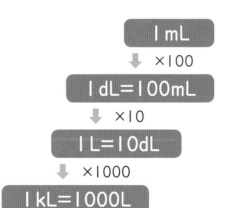

1mL
↓ ×100
1dL=100mL
↓ ×10
1L=10dL
↓ ×1000
1kL=1000L

かさの単位は100倍，10倍，1000倍と
左のようにかわっていきます。

あ 1L=10dL　また1dL=100mL　だから
　1L=10dL=1000mL

い 1kL=1000L だから，4kL=4000L

う 1L=1000mL だから，1L800mL=1800mL
　　　　　　　　　　　　1L　　800mL

え 1dL=100mL だから，500mL=5dL

答え **あ**ー**ウ**1L，**い**ー**ア**4000L，**う**ー**エ**1800mL，**え**ー**イ**5dL

1 次の□にあてはまる数を書きましょう。

① 2L = ☐ dL

② 1L5dL = ☐ dL

③ 100dL = ☐ L

④ 74dL = ☐ L ☐ dL

⑤ 4dL = ☐ mL

⑥ 350mL = ☐ dL ☐ mL

⑦ 2400mL = ☐ L ☐ dL

⑧ 2000L = ☐ kL

⑨ 3500L = ☐ kL ☐ L

⑩ 1kL250L = ☐ L

⑪ 2Lと小さい
めもり4こで，

☐ Lと

☐ dLを合わせ

たかさです。

また， ☐ dLともいいます。

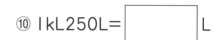

⑫ 下の図のかさは，

☐ dLと ☐ mLを合わせたか

さです。 ☐ mLとも表せます。

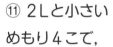

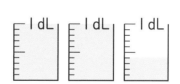

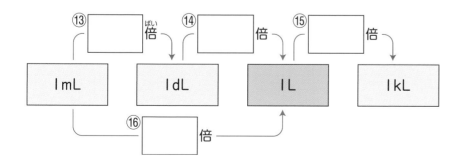

⑬ ☐ 倍 ⑭ ☐ 倍 ⑮ ☐ 倍

1mL　1dL　1L　1kL

⑯ ☐ 倍

1000L=1kL
10dL=1L
100mL=1dL
1000mL=1L

ツボ その7 かさの単位のたし算・ひき算をしよう！

できるかな？

☑ **次の計算をしましょう。**

① 1mL＋1dL ＝ ☐ dL ☐ mL

② 5L8dL－3L ＝ ☐ L ☐ dL

長さの単位の計算（10ページ）
を思い出してみよう。

大事なツボ！ 1mLと1dLをたしても2mLや2dLにはならない！

長さの計算と同じように，同じ単位ごとに計算しよう！

① 1mLと1dLはたしても2mLにはなりません。

1dL ＋ 1dL ＝ 1dL ✕

1mL　　　　　　　　　　　　　2mL

また，1mLと1dLはたしても2dLにはなりません。

1dL ＋ 1dL ＝ 1dL 1dL ✕

1mL

LはLと，
dLはdLと，
mLはmLと，
kLはkLと
それぞれ計算
するんだね。

1mL＋1dL＝1dL1mL

筆算をするとわかりやすくなります。

①　　　1mL
＋1dL
――――――
1dL 1mL

②　　5L 8dL
－ 3L
――――――
2L 8dL

長さのときと同じように
同じ単位でたてにそろえ
ると，見やすいね。

答え ①1dL1mL ②2L8dL

20

1 次の計算をしましょう。

① 4mL＋3mL＝

② 1L＋6dL＝

③ 7kL＋5L＝

④ 2L3dL＋3L＝

⑤ 1L500mL＋300mL＝

⑥ 3L2dL＋1L2dL＝

⑦ 5L2dL－1dL＝

⑧ 7L800mL－50mL＝

⑨ 16L8dL－7L＝

⑩ 4L30mL－2L＝

2 次の問題に答えましょう。

①ジュースが100mL入ったコップがあります。びんに入った2Lのジュースと合わせると何L何mLになりますか。

式

（　　　　　　　）

②ジュースが1L500mL入ったペットボトルから，ジュースを200mL飲みました。のこりはどれだけですか。

式

（　　　　　　　）

ツボ その8　くり上がり・くり下がりのあるかさのたし算・ひき算をしよう！

できるかな？

☑ **次の問題に答えましょう。**

① 水とうに5dLのジュースが入っています。ペットボトルには9dL入っています。合わせて何L何dLですか。

　式

　　　（　　　　　　　　）

② ペットボトルに2Lのお茶が入っています。そこから1L300mLのお茶を水とうに入れました。のこりはどれだけですか。

　式

　　　（　　　　　　　　）

大事なツボ！　100mLこえたらdL，10dLこえたらL，1000LこえたらkL。くり上がり・くり下がりに気をつけよう。

かさの計算も，くり上がり・くり下がりには注意がひつよう！

①5dL＋9dLを図で考えると

　10dL＝1L だから，5dL＋9dL＝10dL＋4dL＝1L4dL

筆算をするとわかりやすくなります。

> 1Lはくり下げると，10dLや1000mLになります。計算する数と単位をそろえよう。

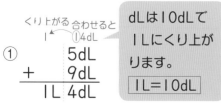

くり上がる　合わせると
① 　　5dL
　＋　　9dL
　　1L 4dL

> dLは10dLで1Lにくり上がります。
> 1L＝10dL

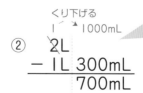

くり下げる
② 　2L
　－ 1L 300mL
　　　700mL

> 1L＝1000mL＝10dL

答え▶ ① （式）5dL＋9dL＝1L4dL　（答え）1L4dL
② （式）2L－1L300mL＝700mL　（答え）700mL

やってみよう！

1 次の計算を筆算でしましょう。

① 1L300mL＋800mL

$$
\begin{array}{r}
\text{1L 300mL} \\
+ \phantom{\text{1L 3}} \text{800mL} \\
\hline
\end{array}
$$

② 15L6dL＋16L7dL

$$
+
$$

③ 600L＋800L

④ 5L－2L4dL

⑤ 5dL50mL－90mL

⑥ 3kL－1kL70L

2 次の問題に答えましょう。

① ジュースを500mL飲みました。ペットボトルの中にはまだ900mLのジュースがのこっています。はじめは何L何mLありましたか。

式

(　　　　　　)

② ジュースが2L入ったペットボトルからジュースを2dL飲みました。のこりはどれだけですか。

式

(　　　　　　)

そうなんだ！ 昔のかさの単位

　　　　　昔のかさを表す単位には「石」「斗」「升」「合」「勺」があります。1石はやく180L，1斗はやく18L，1升はやく1L800mL，1合はやく180mLなどです。今でもしょうゆやお酒のびんは一升びんといったり，米は1合といったりします。昔の単位はそれぞれが10倍ごとに決められていました。

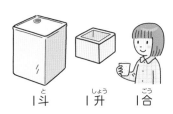
1斗　1升　1合

1 次の**あ**～**え**のかさを表すときに使うとよいかさの単位を**ア**～**エ**からえらんで，──でむすびましょう。 `1問 4点`

あ 牛乳びんに入る水のかさ

い 水そうに入る水のかさ

う 大きなスプーンに入る水のかさ

え きゅう水車のタンクに入る水のかさ

ア だいたい 6kL

イ だいたい 40L

ウ だいたい 2dL

エ だいたい 15mL

2 次の□にあてはまる数を書きましょう。 `1問 4点`

① 200mL = ☐ dL

② 75dL = ☐ L ☐ dL

③ 10300mL = ☐ L ☐ mL

④ 43dL = ☐ L ☐ dL

⑤ 1L500mL = ☐ dL

⑥ 3kL = ☐ L

⑦ 50L = ☐ dL

⑧ 7003L = ☐ kL ☐ L

⑨ 3L7dL = ☐ dL

⑩ 6dL75mL = ☐ mL

3 次の計算をしましょう。

① 5L＋6L＝

② 6L5dL－3L＝

③ 1L－6dL＝

④ 2L8dL－8dL＝

⑤ 4L8dL＋3dL＝

⑥ 2dL70mL＋50mL＝

⑦ 1L500mL－800mL＝

⑧ 5kL30L－3kL400L＝

4 次の問題に答えましょう。

① 水でうすめて乳さん飲料を作ります。

　こい乳さん飲料500mLに水を1L750mL入れてうすめると，何L何mLの

乳さん飲料ができますか。

　式

（　　　　　　）

② 水とうにペットボトルのお茶を750mL入れました。ペットボトルには，はじめ

2L入っていました。のこりは何L何mLですか。

　式

（　　　　　　）

25

その **9** g, kg, tが表す重さをおさえよう!

できるかな?

☑ 次の**あ**〜**う**の重さを表すときに使うとよい重さの単位を
ア〜**ウ**からえらんで，――でむすびましょう。

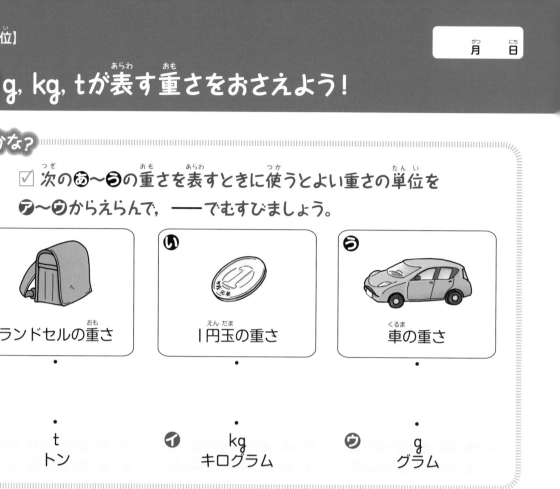

あ	**い**	**う**
 ランドセルの重さ	 1円玉の重さ	車の重さ

・　　　　　　　　　　・　　　　　　　　　　・

・　　　　　　　　　　・　　　　　　　　　　・

ア　　t　　　　　　**イ**　　kg　　　　　　**ウ**　　g
　　トン　　　　　　　　キログラム　　　　　　　グラム

大事な ツボ! 重さも長さと同じように身の回りの物でおぼえよう。
1gは1円玉，1kgはランドセル，1tは車。

重さの単位には，g, kg, tの3しゅるいがあります。

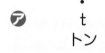 1g　　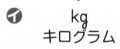 1kg　　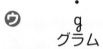 1t

1g	1kg	1t
1円玉は1gです。	ランドセルの重さはだいたい1kgです。	車の重さはだいたい1tです。
消しゴムの重さは，10gぐらいから50gぐらいです。	2ℓのペットボトルはだいたい2kgです。	バスの重さはだいたい10tです。

答え **あ**ー**イ**kg, **い**ー**ウ**g, **う**ー**ア**t

1 次の①〜⑥の絵を見て，（　）にあてはまる重さの単位を書きましょう。

① 船の重さ

やく5 (　　　　)

② 上ばきの重さ

やく200 (　　　　)

③ シャンプーの重さ

やく250 (　　　　)

④ 国語じてんの重さ

やく1 (　　　　)

⑤ 1000mLのパック牛乳の重さ

やく1 (　　　　)

⑥ 電車の重さ

やく30 (　　　　)

おぼえているかな？

重さの単位をなぞって書いてみましょう。

g　g

▲グラム

kg　kg

▲キログラム

t　t

▲トン

そうなんだ！ 身の回りの物を，水が入ったペットボトルでおきかえて考えましょう

体重20kgの子ども

2Lのペットボトル10本分
20L（20kg）

教科書などが入ったランドセルやく4kg

2Lのペットボトル2本分
4L（4kg）

ランドセルをせおうと，ペットボトル2本分をせおっているのと同じだ！

フーッ

※ランドセルは，やく1kg

ツボ その10 重さの単位どうしのかんけいをおさえよう！

できるかな？

☑ 次の**あ**〜**え**の重さと同じ重さを表しているものを
ア〜**エ**からえらんで──でむすびましょう。

あ 	**い** 	**う** 	**え** 
13000kg	1kg350g	20kg	3250g

ア 20000g　　**イ** 3kg250g　　**ウ** 13t　　**エ** 1350g

大事なツボ！ 重さの単位はどの単位も1000倍でかわっていくよ。

重さの単位にも，小さい物の重さを表す単位から，大きい物の重さを表す単位
まであります。単位どうしのかんけいをおさらいしましょう。

1g
↓ ×1000
1kg=1000g
↓ ×1000
1t=1000kg

重さの単位は1000倍，1000倍と
左のようにかわっていきます。

あ 1000kg=1t だから，13000kg=13t
い 1kg=1000g だから，1kg350g=1350g
　　　　　　　　　　　　1kg　　350g
う 1kg=1000g だから，20kg=20000g
え 1000g=1kg だから，3250g=3kg250g
　　　　　　　　　　3000g　　250g

答え **あ**−**ウ**13t，**い**−**エ**1350g，**う**−**ア**20000g，**え**−**イ**3kg250g

1 次の □ にあてはまる数を書きましょう。

① 2kg = [　　　] g

② 3kg50g = [　　　] g

③ 4kg520g = [　　　] g

④ 3000g = [　　　] kg

⑤ 1600g = [　　　] kg [　　　] g

⑥ 3090g = [　　　] kg [　　　] g

⑦ 2t = [　　　] kg

⑧ 5t60kg = [　　　] kg

⑨ 7000kg = [　　　] t

⑩ 1200kg = [　　　] t [　　　] kg

⑪ 1円玉は1まい

[　　　] gだから,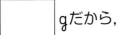

1000円分では,

[　　　] gになります。

つまり1000円分では [　　　] kg。

⑫ ジャンボジェット
きは250tあります。
だから,

[　　　] kgです。

そうなんだ！ 単位についている「m」の意味

　　　　1キログラムと1キロメートル，1キロリットル…どこかにています。
1kg=1000g, 1kL=1000L, 1km=1000m。
k（キロ）には1000という意味があり，重さの単位にもつくのです。
1ミリリットルと1ミリメートルもにています。
1L=1000mL, 1m=1000mmのように, 1Lや1mの $\frac{1}{1000}$ にm（ミリ）がつきます。
重さの単位にもミリをつけると新しい単位ができるのです。
1g=1000mg（ミリグラム）
単位についている言葉に目をつけると，おもしろい発見ができそうですね。

ツボ その11 重さの単位のたし算・ひき算をしよう!

できるかな?

☑ 次の計算をしましょう。

① 1g+1kg= ☐ kg ☐ g

② 1kg250g+4kg= ☐ kg ☐ g

長さの単位，かさの単位の計算を思い出そう！
同じ単位ごとに計算だ！

大事なツボ! 1gと1kgをたしても2gや2kgにはならない!

長さの計算と同じように，同じ単位ごとに計算しましょう！

① 1gと1kgはたしても2gや2kgにはなりません。
たとえば，1gの1円玉と1kgのランドセルを合わせても，
1円玉2つ分の重さの2gや，ランドセル2つ分の2kgにはなりませんね。

長さやかさのように筆算をするとわかりやすくなります。

①
```
     1g
+  1kg
─────────
 1kg 1g
```

②
```
  1kg 250g
+  4kg
─────────
 5kg 250g
```

長さのときと同じように同じ単位でたてにそろえると，見やすいね。

答え ①1kg1g ②5kg250g

1 次の計算をしましょう。

① 350g＋200g＝

② 1kg＋20g＝

③ 5kg400g＋3kg＝

④ 3kg140g＋530g＝

⑤ 5kg400g－2kg＝

⑥ 3t720kg－705kg＝

⑦ 4t480kg－3t＝

⑧ 2kg730g－2kg520g＝

⑨ 1t280kg－280kg＝

⑩ 4kg250g－1kg250g＝

2 次の問題に答えましょう。

① 1kgのランドセルがあります。中に3kgの教科書やノートを入れます。全部で重さは何kgになりますか。

式

（　　　　　　　　　）

② 生まれたときの体重は3kg。今は30kgあります。
ちがいは何kgですか。

式

（　　　　　　　　　）

おぼえているかな？

長さやかさの単位がそろっていないときには，どちらかに単位をそろえてたすこともできます。

1gに1kgたすと，2gでも2kgでもないですね。

1kg＝ 1000 g，だから，1g＋1kg＝1g＋1000g
＝1001g です。

単位をそろえると，計算できるようになるね。

ツボ その12 くり上がり・くり下がりのある重さのたし算・ひき算をしよう！

☑ 次の問題に答えましょう。

① 重さ430gの水とうに，900gのジュースを入れました。
全部の重さは何kg何gですか。

式

（　　　　　　　　）

② かごに入れたみかんの重さは2kg400gです。かごだけの重さをはかると800gありました。みかんの重さはどれだけですか。

式

（　　　　　　　　）

大事なツボ！ 1000gこえたらkg，1000kgこえたらt。くり上がり・くり下がりには気をつけよう。

重さの計算も，くり上がり・くり下がりには注意がひつよう！

①430g+900gを数直線で考えると，

```
0                    1kg                    2kg
|-------------------|---------------------|
      ↑              ↑
    430g   900g   1330g
```

1000g=1kgだから，430g+900g=1330g=1kg330g
　　　　　　　　　　　　　　　　　　　1000g　330g

1kgはくり下げると，1000g。計算する単位どうしをそろえよう。
1kg=1000g

筆算をするとわかりやすくなります。

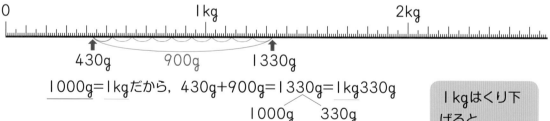

くり上がる　合わせると
①330g
```
①    430g
  +  900g
 ─────────
  1kg 330g
```

gは1000gで1kgにくり上がります。
1000g=1kg

くり下げる
1→1000g
```
②  2kg 400g
  −     800g
 ──────────
  1kg 600g
```

答え ①（式）430g+900g=1kg330g　（答え）1kg330g
　　　　②（式）2kg400g−800g=1kg600g　（答え）1kg600g

1 次の計算をしましょう。

① 500g＋700g＝

② 2kg300g＋820g＝

③ 3t960kg＋140kg＝

④ 5kg300g－950g＝

⑤ 2t120kg－1t200kg＝

⑥ 7kg－800g＝

2 次の問題に答えましょう。

① 中にみかんが入った重さ1kg150gのはこがあります。空のはこの重さは400gです。みかんの重さは何gですか。

式

（　　　　　　　　）

② 4t110kgのごみしゅう集車が，1t915kgのごみを回しゅうしました。ごみをつんだしゅう集車の重さをはかると何t何kgになりますか。

式

（　　　　　　　　）

そうなんだ！　長さ，かさ，重さの単位のまとめ

長さ，かさ，重さの単位はいろいろありました。ならべて書いてみましょう。

$$1km \xleftarrow{\times 1000} 1m \xleftarrow[\times 100]{\times 1000} 1cm \quad 1mm$$

$$1kL \xleftarrow{\times 1000} 1L \xleftarrow[\times 10]{\times 1000} 1dL \quad 1mL$$

$$1t \xleftarrow{\times 1000} 1kg \xleftarrow{\times 1000} 1g \xleftarrow{\times 1000} (1mg)$$

> ミリがついている単位は1000倍すると，ミリがとれた単位になる。さらに1000倍するとキロがつくね。

このかんけいをおぼえておくと，くり上がりもくり下がりもこわくないですね。

月 日　　　点

1 次の **あ**〜**え** の重さを表すときに使うとよい重さの単位を **ア**〜**エ** からえらんで、——でむすびましょう。

1問 **4** 点

あ 国語じてんの重さ

い みかん1この重さ

う かば1頭の重さ

え 米俵1俵の重さ

ア だいたい 150g

イ だいたい 2t

ウ だいたい 60kg

エ だいたい 1kg

2 次の □ にあてはまる数を書きましょう。

1問 **4** 点

① 3000kg = ☐ t

② 3kg500g = ☐ g

③ 5720kg = ☐ t ☐ kg

④ 50t = ☐ kg

⑤ 1t500kg = ☐ kg

⑥ 100020g = ☐ kg ☐ g

⑦ 70kg20g = ☐ g

⑧ 4240g = ☐ kg ☐ g

⑨ 15200kg = ☐ t ☐ kg

⑩ 7000g = ☐ kg

3 次の計算をしましょう。

① 100g＋450g＝

② 70kg＋20g＝

③ 1t400kg＋5t600kg＝

④ 5kg730g＋290g＝

⑤ 10kg20g－9kg＝

⑥ 9kg30g－750g＝

⑦ 2t430kg－1t500kg＝

⑧ 3kg75g－75g＝

4 次の問題に答えましょう。

① ランドセルの重さをはかったら，4kg800gありました。絵の具セットは600gあります。合わせて何kg何gになりますか。

式

（　　　　　　　　）

② 小がたひこうきは重さが740kgあります。人や荷物をのせて1t150kgをこえるととぶことはできません。人や荷物を何kgまでならつめますか。

式

（　　　　　　　　）

月　日

できるかな？

☑ コップに入った水を 1L ますに入れたら, 1めもりまで入りました。

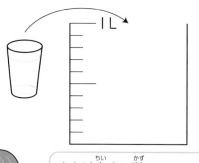

① 水のかさだけ色をぬりましょう。

② この水のかさは, 何dLですか。

（　　　　　）dL

1より小さい数の表し方について考えよう。

③ この水のかさは, 何Lですか。小数で答えましょう。

1Lますのめもりは, いくつあるかな。

（　　　　　）L

大事なツボ！

1の $\frac{1}{10}$ は0.1。1Lの $\frac{1}{10}$ を小数を使って表そう。

1L=10dLだから1Lの $\frac{1}{10}$ は1dLです。

1Lの $\frac{1}{10}$ だから0.1L, $\frac{1}{10}$ Lともいいます。

0.1L, $\frac{1}{10}$ L

0.1Lの3こ分で0.3Lです。

3dL

0.1Lの5こ分で0.5Lです。

0.3Lや0.5Lは, 0.1Lの3こ分, 5こ分と考えることができますね。

答え ① 左上の図の通り　② 1　③ 0.1

1 水のかさだけ色をぬり，□に数を書きましょう。

① 水とう（小） 0.8L…0.8Lは，0.1Lの □ こ分です。

1L　　1L　　1L

② 水とう（中） 1.3L…1.3Lは，0.1Lの □ こ分です。

1L　　1L　　1L

③ 水とう（大） 2.5L…2.5Lは0.1Lの □ こ分です。

1L　　1L　　1L

**おぼえて
いるかな？**

0.8，1.3，2.5のような数を小数，
0，1，2，3，…のような数を整数といいます。

2.5
小数点

2 次の□に数を入れて，0.1Lの何こ分かを答えましょう。

① 牛乳1L…1Lは，

0.1Lの □ こ分です。

1L

整数も0.1Lの何こ
分で表すことができ
ますね。

② ジュース2L…2Lは，

0.1Lの □ こ分です。

1L　　1L

ツボ その14 小数で表す長さ

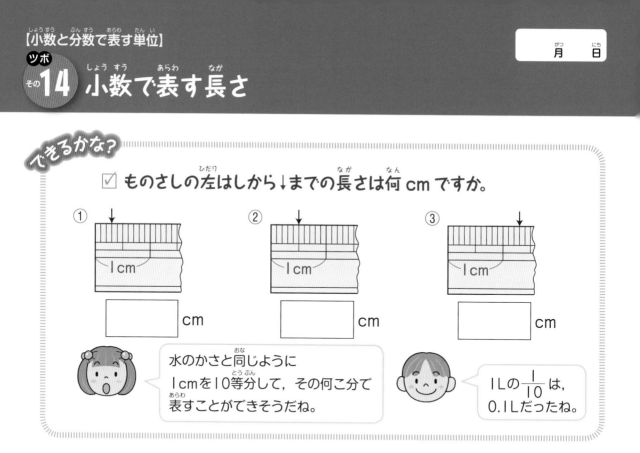

☑ ものさしの左はしから↓までの長さは何cmですか。

① 　　　　　cm
② 　　　　　cm
③ 　　　　　cm

1cm

水のかさと同じように
1cmを10等分して，その何こ分で
表すことができそうだね。

1Lの $\frac{1}{10}$ は，
0.1Lだったね。

 大事なツボ！ 小数を使えば1より小さい数が表せる。

1mmは1cmの $\frac{1}{10}$ だから，0.1cmになりますね。

1cmより長い長さも同じように小数で表すことができますよ。

（例）消しゴムの長さ

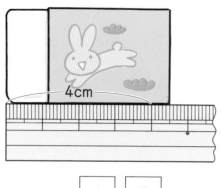

4cm

4cm5mm＝ 4 . 5 cm

（例）教科書の横の長さ

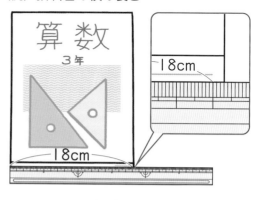

18cm

18cm

18cm3mm＝ 18 . 3 cm

① 3mm＝0.3cm，② 5mm＝0.5cm

③ 1cm3mmは1cmより長いので，上のように表すと1.3cmになる。

答え ①0.3　②0.5　③1.3

1 次の□にあてはまる数を書きましょう。

① 1mm= [　　　] cm

② 2mm= [　　　] cm

③ 3mm= [　　　] cm

④ 6mm= [　　　] cm

⑤ 9mm= [　　　] cm

> 1cmより短い
> 長さは何センチ
> かな？

2 次の□にあてはまる数を書きましょう。

① 1cm3mm= [　　　] cm

② 1cm7mm= [　　　] cm

③ 7cm6mm= [　　　] cm

④ 4cm2mm= [　　　] cm

⑤ 15cm4mm= [　　　] cm

> 1cm3mmは，
> 1.3cmと表す
> ことができるね。

**おぼえて
いるかな？**

1cmを同じ長さに10等分した
1こ分の長さを1mmと表します。

1mm=0.1cm

0.1cmは，1cmを10等分した
1こ分の長さです。

1cm

0.1cm

3 次の数直線でア，イ，ウ，エのめもりが表す長さは，それぞれ何cmですか。

```
0           1           2           3      (cm)
├┬┬┬┬┬┬┬┬┬┼┬┬┬┬┬┬┬┬┬┼┬┬┬┬┬┬┬┬┬┼┬┬┬┬┬┤
 ↑         ↑                   ↑                   ↑
 ア         イ                   ウ                   エ
```

ア（　　cm）　イ（　　　）　ウ（　　　）　エ（　　　）

小数で表す単位のたし算・ひき算をしよう！

できるかな？

☑ 答えの分だけ 1L ますに色をぬりましょう。

① 0.4Lのジュースと0.3Lのジュースがあります。
合わせて何Lですか。

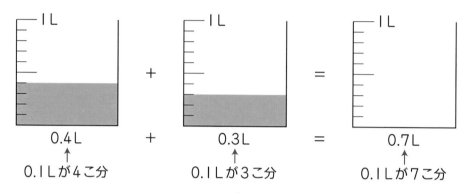

0.4L ＋ 0.3L ＝ 0.7L

0.1Lが4こ分　　0.1Lが3こ分　　0.1Lが7こ分

② 0.9Lのジュースがあります。0.2L飲むと，のこりは何Lになりますか。

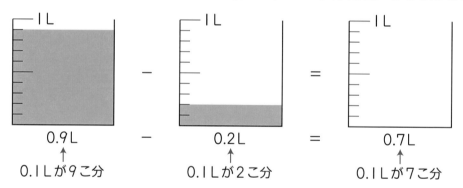

0.9L － 0.2L ＝ 0.7L

0.1Lが9こ分　　0.1Lが2こ分　　0.1Lが7こ分

大事なツボ！ 計算のしくみは，整数と同じ

0.1が何こ分かと考えると，整数と同じように計算できます。0.1をもとにして考えましょう。

0.4＋0.3は0.1をもとにすると4＋3＝7　答えは0.7L

0.9－0.2は0.1をもとにすると9－2＝7　答えは0.7L

と考えて，計算します。

答え
①・②ともに1Lますの7めもりまで色をぬる。

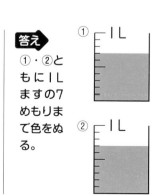

1 次の□にあてはまる数を書きましょう。

① 0.5L + 0.4L = □ L

0.1Lが□こ分　0.1Lが□こ分　0.1Lが□こ分

② 0.8L − 0.3L = □ L

0.1Lが□こ分　0.1Lが□こ分　0.1Lが□こ分

おぼえているかな？

1は0.1が10こ分と考えましょう。

0.1をもとにすると

0.3L + 0.7L = 1L　　　3+7=10

↑　　　　↑　　　　↑

0.1Lが3こ分　0.1Lが7こ分　0.1Lが10こ分　　0.1が10こで1

1L − 0.8L = 0.2L　　　10−8=2

↑　　　　↑　　　　↑

0.1Lが10こ分　0.1Lが8こ分　0.1Lが2こ分　　0.1が10こで1

2 0.1をもとにして考えて，次の計算をしましょう。

① 0.6L+0.4L ＝　　　② 0.5L+0.7L ＝

③ 1dL+0.3dL ＝　　　④ 1dL−0.2dL ＝

⑤ 1.5m−1m ＝　　　⑥ 1.4km−0.8km ＝

同じ単位どうしなら，計算のやり方はいっしょだよ。

41

ツボ その16 くり上がり・くり下がりのある小数のたし算・ひき算

できるかな？

☑ **筆算で，位ごとに計算しましょう。**

① 1+0.5= $\Bigl($　　　　$\Bigr)$

$$\begin{array}{r} 1 \\ +\ 0.5 \\ \hline \end{array}$$

② 0.3+1.7= $\Bigl($　　　　$\Bigr)$

$$\begin{array}{r} 0.3 \\ +\ 1.7 \\ \hline \end{array}$$

③ 3.4-3= $\Bigl($　　　　$\Bigr)$

$$\begin{array}{r} 3.4 \\ -\ 3 \\ \hline \end{array}$$

④ 2.6-0.8= $\Bigl($　　　　$\Bigr)$

$$\begin{array}{r} 2.6 \\ -\ 0.8 \\ \hline \end{array}$$

大事なツボ！ 小数の筆算も整数と同じように位ごとに計算します。

くり上がり・くり下がりのあるたし算・ひき算は，筆算で計算するとわかりやすいです。

①
一の位	小数第一位
1	
+ 0.	5
1.	5

②
一の位	小数第一位
0.	3
+ 1.	7
2.|0| ←消す

③
一の位	小数第一位
3.	4
- 3	
0.|4| 一の位は0

④
一の位	小数第一位
2.	6
- 0.	8
1.	8

筆算の手じゅんをかくにんしよう！

①位をそろえて書く。
②整数と同じように計算する。
③位をそろえて小数点をうつ。

答え ①1.5　②2　③0.4　④1.8

1 次の計算を筆算でしましょう。

① 4.2+2.7

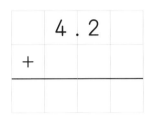

② 2.6+1.8

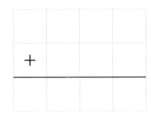

③ 7.8+3.5

④ 2.5−0.7

⑤ 4.2−3.8

⑥ 21−3.2

⑥は小数点のいちに気をつけて計算しよう。

2 7.5−5の計算で正しいものに○をつけましょう。

位はそろっているかな？

あ

$$\begin{array}{r} 7.5 \\ -\ 5 \\ \hline 7.0 \end{array}$$　（　　　）

い

$$\begin{array}{r} 7.5 \\ -\ 5 \\ \hline 2.5 \end{array}$$　（　　　）

3 次の問題に答えましょう。

① 4.2kgの木ばこに4.9kgのりんごを入れました。全部で何kgになりますか。

式

（　　　　　）

② 5.2kmのハイキングコースを2.8km歩きました。のこりは何kmですか。

式

（　　　　　）

ふりかえるチェック ④

月　日　　点

1 下の図を見て答えましょう。水のかさは，何Lですか。また，0.1Lの何こ分ですか。

2つできて1問 **5** 点

①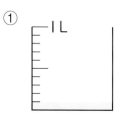

（　　　　）L　0.1Lの（　　　　）こ分

②

（　　　　）L　0.1Lの（　　　　）こ分

③

（　　　　）L　0.1Lの（　　　　）こ分

2 ア，イ，ウ，エ，オのめもりが表す長さは，それぞれ何mですか。

1問 **5** 点

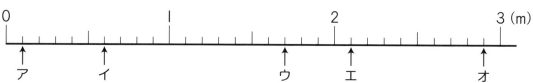

ア（　　　m　）　　イ（　　　　）

ウ（　　　　）　　エ（　　　　）

オ（　　　　）

3 次の□にあてはまる数を書きましょう。

① 5円玉のあなの直径

5mm= _____ cm

② 漢字じてんのあつさ

4cm5mm= _____ cm

③ 算数の教科書のたての長さ

25cm7mm= _____ cm

④ えんぴつの長さ

17cm2mm= _____ cm

⑤ 50円玉の直径

21mm= _____ cm _____ mm

= _____ cm

4 次の計算をしましょう。

① 0.2L+0.4L=

② 1dL+0.4dL=

③ 0.8m+0.7m=

④ 0.9km−0.3km=

⑤ 1L−0.4L=

⑥ 2.2m−0.7m=

⑦
```
   3.5
 + 2.1
```

⑧
```
   2.7
 + 1.5
```

⑨
```
   2.3
 − 0.8
```

⑩
```
   1 2
 −   6.3
```

5 やかんに入っていた水2.4Lのうち，1.7L使いました。水は何Lのこっていますか。

式

(_____)

その17 分数で表す長さ・かさ

月　日

できるかな?

☑ もとの大きさの $\frac{1}{4}$ に色をぬって問題に答えましょう。

① もとの長さは，１mです。

$1m$ の $\frac{1}{4}$ の長さは何mですか。

$\frac{1}{4}$ m

1m

② もとのかさは，１Lです。

$1L$ の $\frac{1}{4}$ のかさは何Lですか。

1L

L

もとの大きさが
１mや１Lのときは，
$\frac{□}{□}$ m, $\frac{□}{□}$ L
のように
単位をつけます。

大事なツボ!

長さ・かさ・重さは分数で表すことができる。

1. 長さ

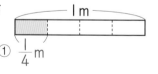

① $\frac{1}{4}$ m

2. かさ

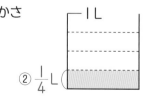

② $\frac{1}{4}$ L

3. 重さ

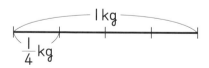

$\frac{1}{4}$ kg

重さも同じように
分数で表せるんだね。

答え　①上の図，$\frac{1}{4}$　②上の図，$\frac{1}{4}$

1 色をぬったところの長さが $\frac{1}{3}$ mになっているのはどれですか。

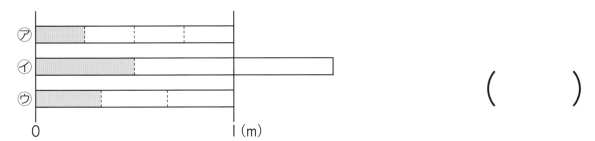

(　)

2 色をぬったところのかさが $\frac{1}{3}$ Lになっているのはどれですか。

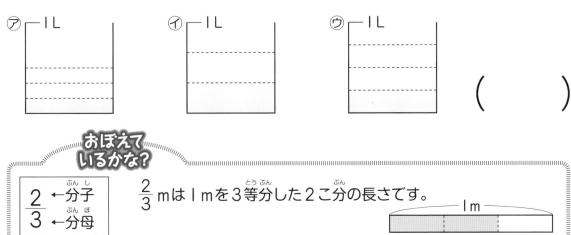

(　)

おぼえて いるかな?

$\begin{array}{l}2 \leftarrow 分子 \\ \overline{3} \leftarrow 分母\end{array}$　$\frac{2}{3}$ mは1mを3等分した2こ分の長さです。

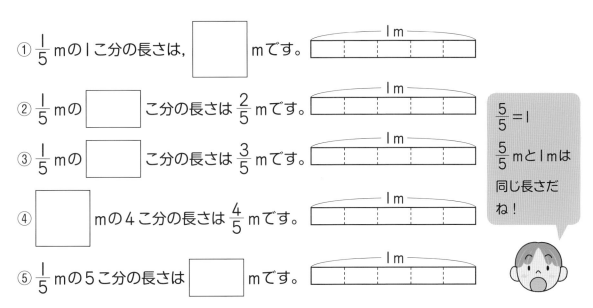

3 次の□にあてはまる数を書きましょう。また，長さの分だけ色をぬりましょう。

① $\frac{1}{5}$ mの1こ分の長さは，□ mです。

② $\frac{1}{5}$ mの□こ分の長さは $\frac{2}{5}$ mです。

③ $\frac{1}{5}$ mの□こ分の長さは $\frac{3}{5}$ mです。

④ □ mの4こ分の長さは $\frac{4}{5}$ mです。

⑤ $\frac{1}{5}$ mの5こ分の長さは□ mです。

$\frac{5}{5}=1$

$\frac{5}{5}$ mと1mは同じ長さだね!

ツボ その18 1より大きい分数のかさ・長さを表そう!

できるかな?

☑ 色をぬったところまでの長さとかさを分数で表しましょう。

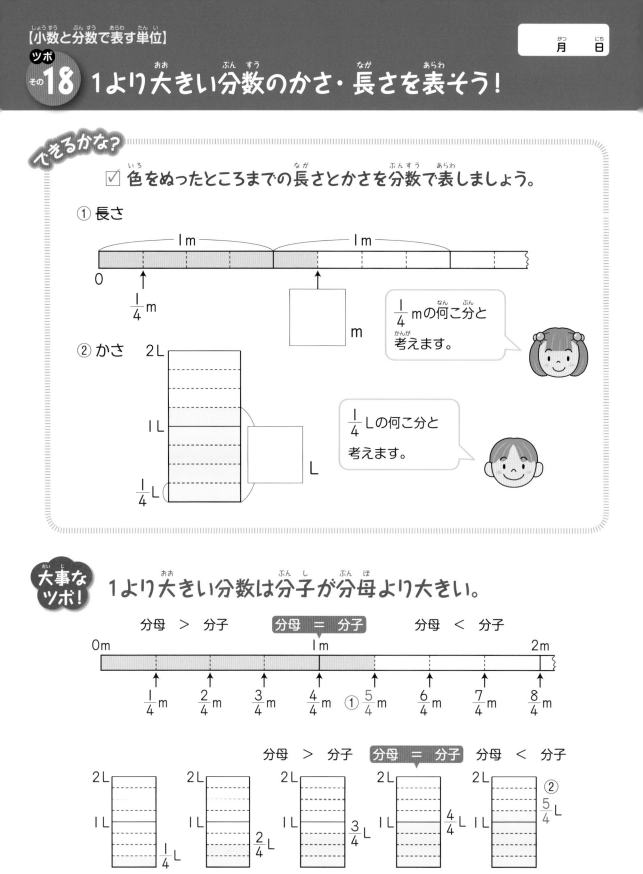

① 長さ

0　　　$\frac{1}{4}$m

$\boxed{}$ m

$\frac{1}{4}$ mの何こ分と考えます。

② かさ

2L　1L　$\frac{1}{4}$L

$\boxed{}$ L

$\frac{1}{4}$ Lの何こ分と考えます。

大事なツボ!

1より大きい分数は分子が分母より大きい。

分母　>　分子　　　分母　=　分子　　　分母　<　分子

0m　　　　　　　　　　1m　　　　　　　　　　2m

$\frac{1}{4}$m　$\frac{2}{4}$m　$\frac{3}{4}$m　$\frac{4}{4}$m　①$\frac{5}{4}$m　$\frac{6}{4}$m　$\frac{7}{4}$m　$\frac{8}{4}$m

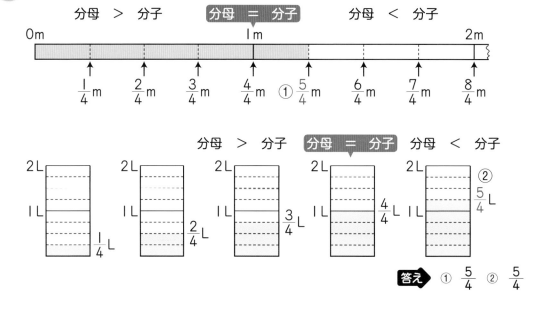

分母　>　分子　　　分母　=　分子　　分母　<　分子

2L　　　2L　　　2L　　　2L　　　2L ②$\frac{5}{4}$L

1L　　　1L　　　1L　　　1L　　　1L

$\frac{1}{4}$L　$\frac{2}{4}$L　$\frac{3}{4}$L　$\frac{4}{4}$L

答え　①$\frac{5}{4}$　②$\frac{5}{4}$

1 次の（　）にあてはまる数を書きましょう。

① $\frac{1}{3}$ m の 4 こ分の長さは （　　　　　）m です。

② $\frac{1}{3}$ m の （　　　　　）こ分の長さは $\frac{5}{3}$ m です。

③ $\frac{1}{3}$ m の 3 こ分の長さは （　　　　　）m です。

④ $\frac{1}{3}$ m の （　　　　　）こ分の長さは 2 m です。

⑤ $\frac{1}{3}$ m の 6 こ分の長さは （　　　　　）m です。

わからなくなったら
図をかいて考えよう！

0m　　$\frac{1}{3}$ m　　　　　　1m　　　　　　2m

おぼえて いるかな？

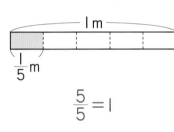

$\frac{1}{5}$ m は，1 m を 5 等分した 1 こ分の長さです。

$\frac{5}{5}$ m は 1 m を 5 等分した 1 こ分の長さの 5 こ分です。

$\frac{5}{5} = 1$

だから，$\frac{5}{5}$ m と 1 m は同じ長さです。

2 次の数直線の □ にあてはまる分数を書きましょう。

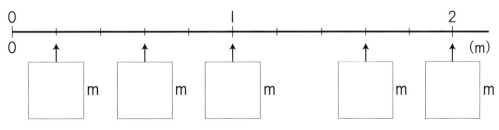

0　　　　　　1　　　　　　2

□ m　　□ m　　□ m　　□ m　　□ m　(m)

0 と 1 の間は何等分になっているかな？

49

ツボ その19　同じ大きさの分数・小数

できるかな？

☑ 次の□にあてはまる数を書きましょう。

① 1を [10] 等分した1こ分の大きさを分数で表すと $\frac{1}{10}$。

② 1を [　　] 等分した1こ分の大きさを小数で表すと0.1。

③ 1を10等分した数は分数でも小数でも表すことができます。

〈数直線〉

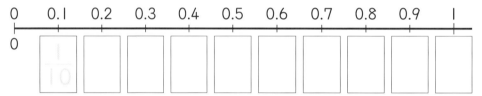

大事な ツボ！　$\frac{1}{10} = 0.1$　$\frac{1}{10}$ と0.1は等しい大きさです。

・1を10等分した1こ分を分数で表すと $\frac{1}{10}$。
　小数で表すと0.1です。

・1を10等分した数は，分数と小数で表すことができます。

〈数直線〉

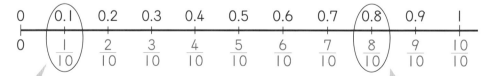

数直線上にたてにならんでいる数は，等しい大きさです。

0.8は0.1の8こ分。
$\frac{8}{10}$ は，$\frac{1}{10}$ の8こ分と考えます。

答え ①10　②10　〈数直線〉の答えは上の図

やってみよう！

1 次の分数と同じ大きさの数を ―― でむすびましょう。

$$\frac{3}{10}$$ $$\frac{5}{10}$$ $$\frac{8}{10}$$ $$\frac{10}{10}$$

$\frac{1}{10}$ の8こ分 | 0.3   0.1の5こ分

おぼえているかな？

小数第一位のことを

$\frac{1}{10}$ の位ともいいます。

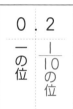

2 次の□にあてはまる等号や不等号を書きましょう。

① $\frac{1}{10}$ □ |

② $\frac{13}{10}$ □ 0.3

③ $\frac{10}{10}$ □ 10

④ $\frac{9}{10}$ □ 0.7

⑤ $\frac{10}{10}$ □ |

数直線を使って
かくにんしよう！

ツボ その20 分数で表す単位のたし算・ひき算をしよう!

できるかな?

☑ **答えの分だけ色をぬりましょう。**

① $\frac{2}{5}$ Lのジュースと $\frac{1}{5}$ Lのジュースがあります。合わせて何Lありますか。

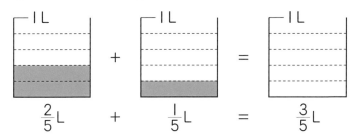

$$\frac{2}{5}L \quad + \quad \frac{1}{5}L \quad = \quad \frac{3}{5}L$$

答え　$\frac{3}{5}$ L

② ジュースが $\frac{4}{5}$ Lあります。$\frac{3}{5}$ L飲むと, のこりは何Lになりますか。

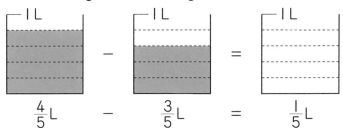

$$\frac{4}{5}L \quad - \quad \frac{3}{5}L \quad = \quad \frac{1}{5}L$$

答え　$\frac{1}{5}$ L

大事なツボ! 図にかけばかんたん! $\frac{1}{5}$ をもとにして考えよう。

$\frac{1}{5}$ の何こ分かを考えると, 整数と同じように計算できます。

① たし算　$\frac{2}{5}L \quad + \quad \frac{1}{5}L \quad = \quad \frac{3}{5}L$

$\frac{1}{5}$ Lが2こ　$\frac{1}{5}$ Lが1こ　$\frac{1}{5}$ Lが3こ　$\left(\frac{1}{5}L が\ 2+1=3\right)$

② ひき算　$\frac{4}{5}L \quad - \quad \frac{3}{5}L \quad = \quad \frac{1}{5}L$

$\frac{1}{5}$ Lが4こ　$\frac{1}{5}$ Lが3こ　$\frac{1}{5}$ Lが1こ　$\left(\frac{1}{5}L が\ 4-3=1\right)$

答え ①・②上の図

1 次の□にあてはまる数を書きましょう。

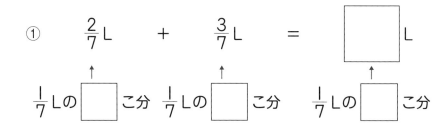

① $\frac{2}{7}$ L $+$ $\frac{3}{7}$ L $=$ ☐ L

$\frac{1}{7}$ L の ☐ こ分　$\frac{1}{7}$ L の ☐ こ分　$\frac{1}{7}$ L の ☐ こ分

② $\frac{8}{9}$ L $-$ $\frac{6}{9}$ L $=$ ☐ L

$\frac{1}{9}$ L の ☐ こ分　$\frac{1}{9}$ L の ☐ こ分　$\frac{1}{9}$ L の ☐ こ分

おぼえて いるかな？

▶分母と分子の数が等しいときは 1になります。

$\frac{10}{10} = 1$　　$\frac{3}{3} = 1$

▶計算ではこのようになります。

・$\frac{6}{10} + \frac{4}{10} = \frac{10}{10}$
$= 1$

・$1 - \frac{2}{3} = \frac{3}{3} - \frac{2}{3}$
$= \frac{1}{3}$

---

2 次の計算をしましょう。

① $\frac{2}{5}$ L $+ \frac{3}{5}$ L $=$

② $\frac{3}{6}$ dL $+ \frac{3}{6}$ dL $=$

③ 1 m $- \frac{2}{5}$ m $=$

④ 1 km $- \frac{3}{10}$ km $=$

41ページの小数のように，同じ単位どうしなら計算のやり方はいっしょだよ。

$\frac{1}{5}$ dL $+ \frac{2}{5}$ dL $= \frac{3}{5}$ dL

$\frac{1}{5}$ m $+ \frac{2}{5}$ m $= \frac{3}{5}$ m

1 色をつけたところの長さは何mですか。分数で答えましょう。

① 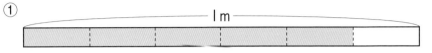 （　　　　）m

②  （　　　　）m

③ （　　　　）m

④  （　　　　）m

⑤  （　　　　）m

⑥ 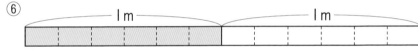（　　　　）m

2 色をつけたところのかさは何Lですか。分数で答えましょう。

①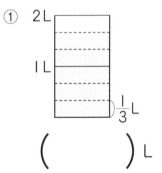
（　　　　）L

②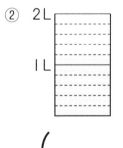
（　　　　）L

③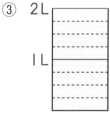
（　　　　）L

3 次の小数や整数を，分母が10の分数で表しましょう。

① 0.3 = 　　　　

② 0.2 = 　　　　

③ 0.5 = 　　　　

④ 0.7 = 　　　　

⑤ 1 = 　　　　

⑥ 1.2 =

4 次の分数を小数や整数で表しましょう。

① $\dfrac{3}{10} =$ ☐　　② $\dfrac{4}{10} =$ ☐　　③ $\dfrac{5}{10} =$ ☐

④ $\dfrac{10}{10} =$ ☐　　⑤ $\dfrac{13}{10} =$ ☐　　⑥ $\dfrac{20}{10} =$ ☐

5 次の計算をしましょう。

① $\dfrac{5}{10}$ L $+ \dfrac{2}{10}$ L $=$　　　② $\dfrac{2}{7}$ dL $+ \dfrac{3}{7}$ dL $=$

③ $\dfrac{2}{5}$ m $+ \dfrac{3}{5}$ m $=$　　　④ $\dfrac{4}{8}$ kg $+ \dfrac{5}{8}$ kg $=$

⑤ $\dfrac{4}{6}$ L $- \dfrac{3}{6}$ L $=$　　　⑥ $\dfrac{7}{9}$ dL $- \dfrac{3}{9}$ dL $=$

⑦ 1 m $- \dfrac{3}{4}$ m $=$　　　⑧ 1 kg $- \dfrac{1}{3}$ kg $=$

6 下の数を小さいじゅんにならべましょう。

1.1, 0, 10, 0.3, $\dfrac{2}{10}$, $\dfrac{12}{10}$

(　　　　　　　　　　　　)

7 次の☐にあてはまる等号か不等号を書きましょう。

① 0.3 ☐ $\dfrac{5}{10}$　　　② 0.5 ☐ $\dfrac{2}{10}$

③ $\dfrac{11}{10}$ ☐ 11　　　④ 1 ☐ $\dfrac{3}{3}$

ツボ その21　時間の単位のかんけいをおさえよう！

できるかな？

☑ 次の**あ**〜**え**の時間を表すときに使うとよい時間の単位を，**ア**〜**エ**からえらんで，——でむすびましょう。

１日の
すいみん時間

夏休みの日数

昼休み

50m走のタイム

ア 日　　**イ** 秒　　**ウ** 時間　　**エ** 分

大事なツボ！

１日＝24時間　24倍
１時間＝60分　60倍
１分＝60秒

ほかの単位とは何倍のかんけいがちがうので注意だね！

あ １日のすいみん時間は，
8〜10時間

9時 → 6時

9時間

い 夏休みの日数
7／21〜8／31
なら
42日（間）

7月　　8月

う 昼休み
午後１時から
午後１時30分なら
30分（間）

１時　→　１時半

え 50m走のタイム
オリンピックのせん手は，100mをやく10秒で走ります。
子どもは50mをやく10秒で走ります。

答え あ—ウ時間，い—ア日，う—エ分，え—イ秒

56

下の数直線を
ヒントにして
考えるといいよ。

1 次の□にあてはまる数を書きましょう。

① 1日 = [　　　] 時間

② 1時間 = [　　　] 分

③ 2時間 = [　　　] 分

④ 90分 = [　　　] 時間 [　　　] 分

⑤ 100分 = [　　　] 時間 [　　　] 分

⑥ 1時間20分 = [　　　] 分

⑦ 1分 = [　　　] 秒

⑧ 1分30秒 = [　　　] 秒

⑨ 70秒 = [　　　] 分 [　　　] 秒

⑩ 120秒 = [　　　] 分

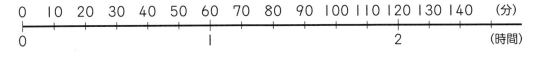

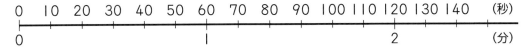

おぼえて いるかな？

「時こく？」「時間？」

▶「時こく」は，9時10分，10時30分のように，ある時のことを表します。

▶「時間」は，3時間，30分，20秒というように，「時こく」と「時こく」の間を表します。

▶ 午前 と 午後

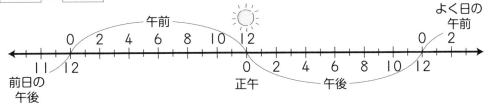

正午は午前12時とも午後0時とも表すことができます。

ツボ その22 くり上がり・くり下がりのある時間のたし算・ひき算

できるかな?

☑ 7時50分に家を出て，20分後に学校に着きました。学校に着いた時こくは，何時何分ですか。

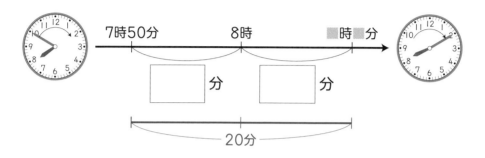

① □にあてはまる数を書きましょう。

② 7時50分から8時までの時間と8時からの時間をたして，学校に着いた時こくをもとめましょう。

☐ 時 ☐ 分

大事なツボ! 時計や時間の線をかいて考えると，かんたんにもとめることができます。

20分を7時50分～8時までの10分間と，

　　　　　8時～8時10分までの10分間に分けて考えます。

8時の10分後は8時10分です。

答え ①10・10　②8時10分

1 8時40分に学校を出て30分歩いて公園に行きます。公園に着く時こくは，何時何分ですか。

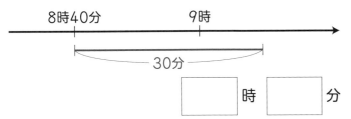

8時40分 ・ 9時

30分

〔 　〕時 〔 　〕分

2 公園で虫のかんさつをして，学校にもどった時こくは11時20分でした。公園から学校までは，30分かかります。公園を出発した時こくは何時何分ですか。

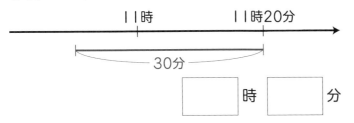

11時 ・ 11時20分

30分

〔 　〕時 〔 　〕分

3 駅から40分歩いて，家に3時10分に着きました。駅を出た時こくは何時何分ですか。

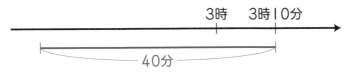

3時 ・ 3時10分

40分

〔 　〕時〔 　〕分

4 こうきさんは，しんせきの家に遊びに行くのに電車に30分，新幹線に1時間40分乗ります。乗り物に乗っている時間は，合わせて何時間何分ですか。

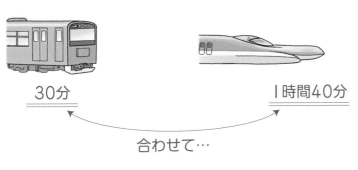

30分　　　　　　　1時間40分

合わせて…

1時間＝60分
60分になれば，
くり上がります。

乗り物に乗っている時間は合わせて 〔 　〕時間 〔 　〕分

1 次の □ にあてはまる数を書きましょう。

① 1日 = □ 時間

② 1時間 = □ 分

③ 1分 = □ 秒

④ 90秒 = □ 分 □ 秒

⑤ 100分 = □ 時間 □ 分

⑥ 3分20秒 = □ 秒

⑦ 80分 = □ 時間 □ 分

⑧ 110秒 = □ 分 □ 秒

⑨ 2時間10分 = □ 分

⑩ 180秒 = □ 分

2 次の時こくをもとめましょう。

① 1時20分から，40分後の時こく。　　　　(　　　　　　　　　　)

② 3時30分から，50分後の時こく。　　　　(　　　　　　　　　　)

③ 9時20分から，30分前の時こく。　　　　(　　　　　　　　　　)

④ 4時10分から，50分前の時こく。　　　　(　　　　　　　　　　)

3 次の問題に答えましょう。

1問 **5** 点

① たくみさんは，日よう日に山登りをしました。上りにかかった時間は1時間20分，下りにかかった時間は50分でした。山を上る時間と，下る時間を合わせると何時間何分になりますか。

1時間20分　　　　　50分

合わせて ☐ 時間 ☐ 分

② かなこさんは，公園で1時間30分、友だちの家で50分遊びました。合わせて何時間何分遊びましたか。

合わせて ☐ 時間 ☐ 分

4 あてはまる時間の単位を☐の中からえらんで，（　）に書きましょう。

1問 **4** 点

① 100m走るのにかかった時間…20（　　　　　）

② 朝起きてから夜ねるまでの時間…15（　　　　　）

③ 歯をみがく時間…3（　　　　　）

④ 50m走のタイム…10（　　　　　）

⑤ じゅぎょうの時間…45（　　　　　）

分　秒　時間

単位マスター
にんていテスト

月　日

点

1 下の絵にあう単位を□からえらび,（ ）に書きましょう。　1問 **2** 点

① 消しゴムの重さ

② きゅう食の 牛乳のかさ

③ 昼休みの時間

④ 1円玉の直径

10 (　　　)　　200 (　　　)　　20 (　　　)　　20 (　　　)

| dL | mL | mm | g | 分 | 秒 | m | kg |

2 次の□にあてはまる数を書きましょう。　ぜんぶできて1問 **3** 点

① 1m=　　　cm

② 1cm=　　　mm

③ 1km=　　　m

④ 1L=　　　dL=　　　mL

⑤ 1dL=　　　mL

⑥ 1kL=　　　L

⑦ 1kg=　　　g

⑧ 1t=　　　kg

⑨ 1時間=　　　分

⑩ 1分=　　　秒

⑪ 1L4dL=　　　dL=　　　mL

⑫ 3700mL=　　　L　　　dL

⑬ 1700g=　　　kg　　　g

⑭ 5kg600g=　　　g

⑮ 4kg30g=　　　g

⑯ 4500kg=　　　t　　　kg

算数

小学12年生の

単位をおさらいできる本

答え(こた)

まちがえた問題(もんだい)は、
答え(こた)と考え方(かんがかんがえ)を見て直しましょう(みなお)。
直したら(なお)100点にしましょう(てん)。

ツボ その1　cm,mm,m,kmが表す(あらわ)長さ(なが)を
おさえよう!

7ページ

やってみよう!

1 ① 5cm ② 60cm
③ 2m70cm ④ やく5mm
⑤ やく30m ⑥ やく400km

考え方 長さの単位(たんい)は,身の回り(みまわ)の物(もの)や体の一(からだいち)
部でおぼえて,どのくらいか考えましょう(かんが)。

・1cmは人さし指(ひとゆび)のつめのはばくらい
・1mmはCD(シーディー)やDVD(ディーブイディー)のあつさくらい
・1mは両手(りょうて)を広げた(ひろ)長さくらい
・1kmは20分間歩いて(ふんかんある)進む(すす)長さくらい

ツボ その2　長さの単位どうしのかんけいを
おさえよう!

9ページ

やってみよう!

1 ① 20mm ② 15mm
③ 53mm ④ 3cm
⑤ 2cm4mm ⑥ 100cm
⑦ 156cm ⑧ 4m
⑨ 2m46cm ⑩ 1000m
⑪ 1001m ⑫ 2050m
⑬ 2km ⑭ 2km700m
⑮ 1m・90cm ⑯ 2km・40m
⑰ 10倍 ⑱ 100倍 ⑲ 1000倍
⑳ 1000倍

考え方 1cm=10mm, 1m=100cm,
1km=1000m

このことがわかっているとできます。

① 2cmは1cmが2つ分(ぶん)だから,10mmが2
つ分で20mm。

② 1cm5mmはすべてmmに直します(なお)。1cm
が1つ分で10mm。だから15mm。

1

③ 5cmは1cmが5つ分だから，10mmが5つ分で50mmです。つまり53mm。

④ mmをcmに直します。10mmが3つ分だから，1cmが3つ分で3cmになります。

⑤ 10mmが2つ分だから，1cmが2つ。2cm4mm。

⑦ 1m＝100cmだから156cm。

⑧ 400cmは100cmが4つ分だから，4m。

⑨ 100cm＝1m。246cmのうち，200cmは2mだから，2mと46cmを合わせて2m46cm。

⑪ すべてmに直します。1km＝1000mだから，1kmが1つ分で1000m。答えは1001m。

⑫ すべてmに直します。1kmが2つ分で2000m。だから2050m。

⑬ 1000m＝1km。2000mは1000mが2つ分だから，2km。

⑭ 1000mが2つ分だから2km。答えは2km700m。

⑮ 100cm＝1mだから，1mと90cmで1m90cm。

⑯ 1000m＝1kmだから，2000mは2km。のこりの40mと合わせて2km40m。

〈巻き尺の使い方〉

木のみきのように曲がった形のものや，1mをこえる長い長さをはかるときなどには，巻き尺を使います。使うときは次のことに注意しましょう。

① 0のいちがちがう。巻き尺によって，0のいちがちがいます。

② どこまではかれるかわかる。全部出さなくても，どのくらいの長さまではかれるかがわかります。

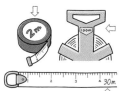

ツボ その3 長い…のたし算・ひき算を しよ…

11ページ

やってみよう

1 ① 5cm2m… ② 3m15cm
③ 1km300… ④ 17cm2mm
⑤ 5m50cm ⑥ 3km770m
⑦ 7cm7mm ⑧ 3m25cm
⑨ 10m30cm ⑩ 150m

考え方 単位ごとに分けて計算をします。単位を見まちがえないようにしましょう。

①5cmと2mmは単位がちがうのでそのまま合わせて5cm2mm。

③300mと1kmも単位がちがうのでそのまま合わせて1km300m。

筆算をするときには，単位をそろえることに気をつけましょう。

④
```
  13 cm 2 mm
+  4 cm
 17 cm 2 mm
```

⑤
```
   5 m 40 cm
+     10 cm
   5 m 50 cm
```

⑥
```
  2 km 750 m
+ 1 km  20 m
  3 km 770 m
```

⑦
```
  9 cm 7 mm
- 2 cm
  7 cm 7 mm
```

⑧
```
  3 m 50 cm
-     25 cm
  3 m 25 cm
```

⑨
```
  25 m 30 cm
- 15 m
  10 m 30 cm
```

⑩
```
  1 km 200 m
- 1 km  50 m
       150 m
```

2

(1) **考え方** 道のりときょりのちがいは，道のりは道にそってはかった長さで，きょりはまっすぐはかった長さです。

① 式　1km＋600m＝1km600m

　答え　1km600m

考え方 家から友だちの家まで1km。
友だちの家から公園まで600m。
2つを合わせた長さが道のり。

② 式　1km600m－1km100m＝500m

　答え　500m

考え方 道のりは1km600m。
きょりは1km100m。
道のりのほうが長いので，式は　道のり－きょ
り。

(2)式　2m65cm－160cm

　　＝2m65cm－1m60cm

　　＝1m5cm

　答え　1m5cm

考え方 下の図の赤の線の長さだけジャンプす
れば，リングにとどくので，2m65cmから
160cmをひくともとめられま
す。

$$
\begin{array}{r}
2\,\mathrm{m}\;65\,\mathrm{cm} \\
-\;1\,\mathrm{m}\;60\,\mathrm{cm} \\
\hline
1\,\mathrm{m}\;\;5\,\mathrm{cm}
\end{array}
$$

ツボ その4 **くり上がり・くり下がりのある
長さのたし算・ひき算をしよう！**

13ページ

やってみよう！

■ ① 5cm1mm　　② 2m2cm
　③ 14km100m　④ 1cm7mm
　⑤ 1m60cm　　⑥ 550m

考え方 単位ごとに分けて筆算をします。
1cm＝10mm，1m＝100cm，
1km＝1000m
このことがわかっているとできます。

---

①
$$
\begin{array}{r}
1\;\;\;\;1 \\
1\,\mathrm{cm}\;2\,\mathrm{mm} \\
+\;3\,\mathrm{cm}\;9\,\mathrm{mm} \\
\hline
5\,\mathrm{cm}\;1\,\mathrm{mm}
\end{array}
$$

2mmと9mmを合わせる
と11mm。
10mmは1cmにくり上が
るので，答えは
5cm1mm。

②
$$
\begin{array}{r}
1\;\;\;\;\;\;102 \\
7\,\mathrm{cm} \\
+\;1\,\mathrm{m}\;95\,\mathrm{cm} \\
\hline
2\,\mathrm{m}\;\;2\,\mathrm{cm}
\end{array}
$$
0は書かない

7cm＋95cmで
102cmになります。
100cmは1mにくり上が
るので，答えは2m2cm。

③
$$
\begin{array}{r}
1\;\;\;\;\;\;1100 \\
5\,\mathrm{km}\;900\,\mathrm{m} \\
+\;8\,\mathrm{km}\;200\,\mathrm{m} \\
\hline
14\,\mathrm{km}\;100\,\mathrm{m}
\end{array}
$$

900mと200mを合わ
せると1100m。
1000mは1kmにくり
上がるので，答えは
14km100m。

④
$$
\begin{array}{r}
2\;\;\;\;10 \\
3\,\mathrm{cm}\;5\,\mathrm{mm} \\
-\;1\,\mathrm{cm}\;8\,\mathrm{mm} \\
\hline
1\,\mathrm{cm}\;7\,\mathrm{mm}
\end{array}
$$

5mm－8mmはできません。
1cm＝10mmだから，
1cmをくり下げて15mm
－8mmを計算します。答
えは1cm7mm。

⑤
$$
\begin{array}{r}
4\;\;\;\;100 \\
5\,\mathrm{m} \\
-\;3\,\mathrm{m}\;40\,\mathrm{cm} \\
\hline
1\,\mathrm{m}\;60\,\mathrm{cm}
\end{array}
$$

そのままでは40cmをひ
けないので，5mから1m
をくり下げて100cm－
40cmを計算します。答
えは，1m60cm。

⑥
$$
\begin{array}{r}
1\;\;\;\;\;\;1000 \\
2\,\mathrm{km}\;350\,\mathrm{m} \\
-\;1\,\mathrm{km}\;800\,\mathrm{m} \\
\hline
550\,\mathrm{m}
\end{array}
$$

350m－800mはできま
せん。
1km＝1000mだから，
1くり下げて1350m－
800mを計算します。答
えは550m。

2

① 式　300m＋400m＋500m＝1200m
　　1000m＝1kmだから，答えは1km200m。
　　答え　1km200m

② 式　1km200m−800m＝400m
　　答え　400m

$$
\begin{array}{r}
1\,\mathrm{km}\,200\,\mathrm{m} \\
-\quad\ \ 800\,\mathrm{m} \\
\hline
400\,\mathrm{m}
\end{array}
$$

考え方　道のりは1km200mで，きょりは800m。
道のりのほうが長いので，道のり−きょり。

ふりかえるチェック ❶

14・15ページ

1

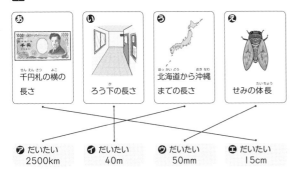

2　① 1km300m　② 70mm
　　③ 3m4cm　④ 500cm
　　⑤ 42km195m　⑥ 5003m
　　⑦ 2km70m　⑧ 123mm
　　⑨ 5400m　⑩ 25cm

考え方
① 1000m＝1kmだから，1km300m。
② 1cm＝10mmだから，7cm＝70mm。
③ 100cm＝1mだから，300cmで3m。
4cmと合わせて，3m4cm。

④ 1m＝100cmだから，5m＝500cm。
⑤ 1000m＝1kmだから，42000mは42km。195mと合わせて，42km195m。
⑥ 1km＝1000mだから，5km＝5000m。のこりの3mとたして，5003m。
⑦ 1000m＝1kmだから，2000mは2km。70mと合わせて，2km70m。
⑧ 1cm＝10mmだから，12cmは120mm。のこりの3mmとたして，123mm。

3　① 10m55cm　② 4cm
　　③ 1m28cm　④ 3cm7mm
　　⑤ 400m　⑥ 3m27cm
　　⑦ 5km100m　⑧ 2m93cm

考え方
① 同じ単位ごとに計算します。6m＋4m＝10mだから，10m55cm。
② 9mm−9mm＝0だから，答えは4cm。
③ 53cm＋75cm＝128cm。100cm＝1mだから，1m28cm。
④ 7mmと3cmは単位がちがうので，大きい単位から書いて，3cm7mm。
⑤ 1km＝1000mだから，1000m−600mを計算します。
⑥ 8m27cm−5mは同じ単位ごとに計算します。答えは3m27cm。
⑦ 筆算をすると，
300m＋800m＝1100m。
1000mがくり上がって5km100mとなります。

$$
\begin{array}{r}
4\,\mathrm{km}\,300\,\mathrm{m} \\
+\quad\ \ 800\,\mathrm{m} \\
\hline
5\,\mathrm{km}\,100\,\mathrm{m}
\end{array}
$$

⑧ 筆算をすると，
60cm−67cmはできないので，3mから1mをくり下げます。
160cm−67cm＝93cm　となり，
2mと合わせて，2m93cm。

$$
\begin{array}{r}
3\,\mathrm{m}\,60\,\mathrm{cm} \\
-\quad\ \ 67\,\mathrm{cm} \\
\hline
2\,\mathrm{m}\,93\,\mathrm{cm}
\end{array}
$$

4 ① 式　970m＋750m＝1km720m
　　　答え　1km720m
　　② 式　1km720m−850m＝870m
　　　答え　870m

考え方
① ひろきさんの家から図書館までの道のりは
970m。図書館から児童館までは750m。合
わせた道のりは，
970m＋750m＝1km720m。
② きょりはまっすぐにはかった長さなので，
850m。道のりときょりのちがいは，
1km720m−850m＝870m。

┌─〈単位につく「c」の意味〉─┐
1セント（アメリカのお金の単位）は100
セントで1ドルとなり，1センチは
100センチで1メートルとなります。
英語で書くと，1centimeter，1cent。
ほかに1世紀（1century）もあります。
100年で1世紀ですから，cent は100
を指しているんですね。
└─────────────┘

ツボ その5 L, dL, mL, kL が表すかさを
おさえよう！
17ページ

やってみよう！

1 ① やく8dL　　② やく200L
　　③ やく5dL　　④ やく5mL
　　⑤ やく1dL　　⑥ やく400kL

考え方 かさの単位は身近な物で，考えましょう。
・1Lは大きな牛乳パックくらい
・1dLはヨーグルトカップくらい
・10mLは目薬くらい
・1kLの物は身の回りにあまりありませんが，
タンクローリーに入る水のかさは1kLより大
きいことや2Lのペットボトルが500本だと
いうことをおぼえておきましょう。

ツボ その6 かさの単位どうしのかんけいを
おさえよう！
19ページ

やってみよう！

1 ① 20dL　　　　② 15dL
　　③ 10L　　　　④ 7L4dL
　　⑤ 400mL　　　⑥ 3dL50mL
　　⑦ 2L4dL　　　⑧ 2kL
　　⑨ 3kL500L　　⑩ 1250L
　　⑪ 2L・4dL・24dL
　　⑫ 2dL・40mL・240mL
　　⑬ 100倍　⑭ 10倍　⑮ 1000倍
　　⑯ 1000倍

考え方 1L＝10dL，1dL＝100mL，
1kL＝1000L
① 2Lは1Lが2つ分だから，10dLが2つ分
で20dL。
② すべてdLに直します。
1Lは10dLだから，10dLと5dLで15dL。
③ 100dLは10dLが10こあります。つまり
1Lが10こ分だから，10L。
⑥ 100mL＝1dL。350mLのうち，300mL
は3dLだから，3dLと50mLを合わせて
3dL50mL。
⑧ 1000L＝1kL。2000Lは1000Lが2つ
分だから，1kLが2つ分で，2kL。
⑨ 3000Lは3kL，500Lと合わせて
3kL500L。
⑪ 小さいめもりが10で1L。
10dLで1Lになるから，1めもりは1dL。
だから，2Lと4めもりで2L4dL。
⑫ 1dLにはめもりが10あるので，1めもり
は10mLと考えます。
つまり答えは2dLと
40mLで2dL40mL。

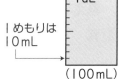

5

① 5Lと6Lは同じ単位どうしだから，たして
11L。

② 6L5dL−3Lは，同じ単位ごとに計算する
ので，6L−3L＝3Lになる。5dLと合わせて，
3L5dL。

③
$$\begin{array}{r} \overset{0 \quad 10dL}{\cancel{1}L} \\ -\quad 6\,dL \\ \hline 4\,dL \end{array}$$

筆算をすると，
1L＝10dLだから
10dL−6dL＝4dL。

④
$$\begin{array}{r} 2\,L\,8\,dL \\ -\quad 8\,dL \\ \hline 2\,L \quad \text{0は書かない} \end{array}$$

8dL−8dL＝0だから，
2Lになります。

⑤
$$\begin{array}{r} \overset{1 \quad 0dL}{4\,L\,8\,dL} \\ +\quad 3\,dL \\ \hline 5\,L\,1\,dL \end{array}$$

筆算をすると，
8dL＋3dL＝11dLと
なり10dL＝1Lだから，

1Lにくり上がって，5L1dLとなります。

⑥
$$\begin{array}{r} \overset{1 \quad 0 20mL}{2\,dL\,70\,mL} \\ +\quad 50\,mL \\ \hline 3\,dL\,20\,mL \end{array}$$

筆算をすると，
70mL＋50mL
＝120mL。

100mL＝1dLだから，1dLにくり上がって，
3dL20mL。

⑦
$$\begin{array}{r} \overset{0 \quad 1000mL}{\cancel{1}L\,500\,mL} \\ -\quad 800\,mL \\ \hline 700\,mL \end{array}$$

筆算をすると，
500mL−800mLはでき
ないので，1Lからくり下

げて1500mL−800mL＝700mL。

⑧
$$\begin{array}{r} \overset{4 \quad 1000L}{\cancel{5}\,kL \quad 30\,L} \\ -3\,kL\,400\,L \\ \hline 1\,kL\,630\,L \end{array}$$

筆算をすると，
30L−400Lはできな
いので，5kLから1kL
くり下げて，
1030L−400L＝
630L。1kLと合わせて，
1kL630L。

4

① 式　500mL＋1L750mL＝2L250mL
　答え　2L250mL

② 式　2L−750mL＝1L250mL
　答え　1L250mL

①こい乳さん飲料と水を合わせるので，
500mL＋1L750mL。
1000mLで1Lになるので，1Lにくり上がっ
て，2L250mL。

②2Lのペットボトルから750mLのお茶を水
とうにうつしたので，2L−750mLとなり，
答えは1L250mLになります。

ツボ その9 g，kg，tが表す重さをおさえよう！

27ページ

やってみよう！

1　① やく5t　　　② やく200g
　③ やく250g　　④ やく1kg
　⑤ やく1kg　　⑥ やく30t

重さの単位も身近な物でおぼえて，
どのくらいか考えるといいです。
・1gは1円玉
・1kgは空のランドセルくらい
・1tは車の重さくらい

29ページ

ツボ その10 重さの単位どうしのかんけいを おさえよう！

やってみよう！

1 ① 2000g　② 3050g
　 ③ 4520g　④ 3kg
　 ⑤ 1kg600g　⑥ 3kg90g
　 ⑦ 2000kg　⑧ 5060kg
　 ⑨ 7t　⑩ 1t200kg
　 ⑪ 1g・1000g・1kg
　 ⑫ 250000kg

考え方 1kg=1000g，1t=1000kg
このことがわかっているとできます。
①1kg=1000gだから，2kgは2000g。
②1kg=1000gだから，3kgは3000g。
のこりの50gとたして3050g。
③1kg=1000g。4kgは4000gになるので，
のこりの520gとたして4520g。
④1000g=1kgだから，3000gは3kg。
⑤1000g=1kgだから，
1kgと600gで答えは1kg600gになります。
⑥1000g=1kg。3000gは3kgになるので，
3kgと90gで3kg90g。
⑦1t=1000kgだから，2tは2000kg。
⑧1t=1000kgだから，
5tは5000kg。のこりの60kgとたして，
5060kg。
⑨1000kg=1tだから，7000kgは7t。
⑩1000kg=1tだから，
1tと200kgで答えは1t200kgになります。
⑪1円玉は1まいで1g。
だから1000円分では，1000gになります。
つまり1kgになります。
⑫1t=1000kgだから，
250tだと，250000kg。

31ページ

ツボ その11 重さの単位のたし算・ひき算 をしよう！

やってみよう！

1 ① 550g　② 1kg20g
　 ③ 8kg400g　④ 3kg670g
　 ⑤ 3kg400g　⑥ 3t15kg
　 ⑦ 1t480kg　⑧ 210g
　 ⑨ 1t　⑩ 3kg

考え方 単位ごとに分けて計算をします。
単位を見まちがえないようにしましょう。
①350gと200gは単位が同じなのでそのまま
たして550g。
②1kgと20gは単位がちがうのでそのまま合
わせて，1kg20g。
　単位をそろえることに気をつけましょう。

③　　5 kg 400 g
　　+ 3 kg
　　　8 kg 400 g

④　　3 kg 140 g
　　+ 　　 530 g
　　　3 kg 670 g

⑤　　5 kg 400 g
　　− 2 kg
　　　3 kg 400 g

⑥　　3 t 720 kg
　　− 　　705 kg
　　　3 t 15 kg

⑦　　4 t 480 kg
　　− 3 t
　　　1 t 480 kg

⑧　　2 kg 730 g
　　− 2 kg 520 g
　　　　　210 g

筆算をすると，のこりは
kgがなくなって210g。

⑨　　1 t 280 kg
　　− 　　280 kg
　　　1 t

筆算をすると，のこりは
kgがなくなって1tにな
ります。

⑩　　4 kg 250 g
　　− 1 kg 250 g
　　　3 kg

9

2

① 式　1kg＋3kg＝4kg

　　答え　4kg

考え方 1kgのランドセルと3kgの教科書やノートの重さをたします。

② 式　30kg－3kg＝27kg

　　答え　27kg

考え方 生まれたときの体重は3kg，今は30kg。ちがいをもとめるのでひき算です。

ツボ その12　**くり上がり・くり下がりのある重さのたし算・ひき算をしよう！**

33ページ

やってみよう！

1　① 1kg200g　② 3kg120g
　　③ 4t100kg　④ 4kg350g
　　⑤ 920kg　　⑥ 6kg200g

考え方 単位ごとに分けて筆算をします。

1kg＝1000g，1t＝1000kg
このことがわかっているとできます。

①
```
  ①200g
   500 g
 + 700 g
 1 kg 200 g
```
500gと700gをたすと1200g。
1000gはくり上げます。

②
```
  ①120g
 2 kg 300 g
 +    820 g
 3 kg 120 g
```
300gと820gをたすと1120g。
1000gはくり上げます。

③
```
  ①100kg
 3 t 960 kg
 +    140 kg
 4 t 100 kg
```
960kgと140kgをたすと1100kgになるので，1000kgはくり上げて1tにします。

④
```
  4   1000g
 5 kg 300 g
 −     950 g
 4 kg 350 g
```
300g－950gはできないので，5kgから1kgくり下げて1300kg－950g＝350g。4kgと合わせて，4kg350g。

⑤
```
  1   1000kg
 2 t 120 kg
 −1 t 200 kg
     920 kg
```
120kg－200kgはできないので，2tから1tくり下げて1120kg－200kg＝920kg。

⑥
```
  6   1000g
 7 kg
 −    800 g
 6 kg 200 g
```
0g－800gはできないので，7kgから1kgくり下げて1000g－800g＝200g。6kgと合わせて，6kg200g。

2

① 式　1kg150g－400g＝750g

　　答え　750g

考え方 1kg150gの重さには，みかんとはこの重さが入っています。空のはこの重さは400gだから，それをひくと中身のみかんだけの重さになります。

② 式　4t110kg＋1t915kg＝6t25kg

　　答え　6t25kg

考え方 ごみしゅう集車の重さと回しゅうしてきたごみの重さをたします。110kgと915kgをたすと1025kgになるので，1000kgくり上げて1tにします。
```
  1   ①025kg
 4 t 110 kg
 +1 t 915 kg
 6 t  25 kg
```

❶

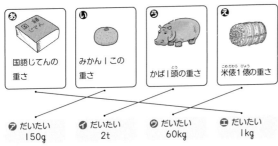

あ	⊙	⊘	⊘
国語じてんの重さ	みかん1この重さ	かば1頭の重さ	米俵1俵の重さ

⑦ だいたい 150g　　⑦ だいたい 2t　　⑦ だいたい 60kg　　⑨ だいたい 1kg

❷

① 3t　　② 3500g

③ 5t720kg　　④ 50000kg

⑤ 1500kg　　⑥ 100kg20g

⑦ 70020g　　⑧ 4kg240g

⑨ 15t200kg　　⑩ 7kg

考え方

① 1000kg＝1tだから，3000kgで3t。

② 1kg＝1000gだから，3kg＝3000g。
のこりの500gとたして，3500g。

③ 1000kg＝1tだから，5000kg＝5t。
720kgと合わせて，5t720kg。

④ 1t＝1000kgだから，50t＝50000kg。

⑤ 1t＝1000kgだから，のこりの500kgと
たして，1500kg。

⑥ 1000g＝1kgだから，
100000g＝100kg。
20gと合わせて，100kg20g。

⑦ 1kg＝1000gだから，70kg＝70000g。
のこりの20gとたして，70020g。

⑧ 1000g＝1kgだから，4000gは4kg。
240gと合わせて，4kg240g。

⑨ 1000kg＝1tだから，15000kgは15t。
200kgと合わせて15t200kg。

⑩ 1000g＝1kgだから，7000gは7kgにな
ります。

❸

① 550g　　② 70kg20g

③ 7t　　④ 6kg20g

⑤ 1kg20g　　⑥ 8kg280g

⑦ 930kg　　⑧ 3kg

考え方

① 100gと450gは同じ単位どうしだから，
たして550g。

② 70kgと20gはちがう単位だから，そのま
ま合わせて70kg20g。

③ 400kg＋600kg＝1000kg
1000kg＝1tだから，1tくり上がって7t。

④
```
    1  1020g
   5 kg 730 g
 +       290 g
 ─────────────
   6 kg  20 g
```
筆算をすると，
730g＋290g
＝1020g。

1000g＝1kgだから，1kgくり上がって，
6kg20g。

⑥
```
    8    1000g
   9 kg  30 g
 −       750 g
 ─────────────
   8 kg 280 g
```
筆算をすると，
30g−750gはできな
いので，9kgからく

り下げて，1030g−750g＝280g。
8kgと合わせて，8kg280g。

⑦
```
    1    1000kg
   2 t 430 kg
 − 1 t 500 kg
 ─────────────
       930 kg
```
筆算をすると，
430kg−500kgはで
きないので，2tから

1tくり下げて，1430kg−500kg＝930kg。

⑧同じ単位どうし75g−75gで，gの部分がな
くなるので，答えは，3kgになります。

❹

①式　4kg800g＋600g＝5kg400g
　　答え　5kg400g

②式　1t150kg−740kg＝410kg
　　答え　410kg

11

① ランドセルと絵の具セットの重さを合わせるので，4kg800g＋600g。
1000g＝1kgだから，1kgくり上がって，5kg400g。

② 人や荷物をのせても，1t150kgをこえるととばないので，小がたひこうきだけの重さを1t150kgからひきます。

		0 ⤴ 1000kg		
		1 t	150	kg
−			740	kg
			410	kg

1t150kg−740kg
＝410kg

ツボ その13 小数で表すかさ

37ページ

やってみよう！

1 ① 8

② 13

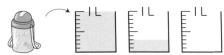

③ 25

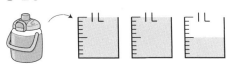

2 ① 10　　② 20

考え方 0.1Lが10こで1L，0.1Lが20こで2L，0.1Lが30こで3L。

ツボ その14 小数で表す長さ

39ページ

やってみよう！

1 ① 0.1cm　　② 0.2cm
　　③ 0.3cm　　④ 0.6cm
　　⑤ 0.9cm

2 ① 1.3cm　　② 1.7cm
　　③ 7.6cm　　④ 4.2cm
　　⑤ 15.4cm

3 ア 0.1cm
　　イ 0.8cm
　　ウ 2.2cm
　　エ 3.4cm

考え方 1めもりは0.1cm。

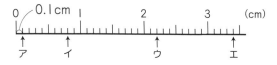

ツボ その15 小数で表す単位のたし算・ひき算をしよう！

41ページ

やってみよう！

1

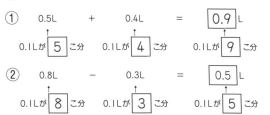

① 0.5L ＋ 0.4L ＝ 0.9 L
　0.1Lが 5 こ分　0.1Lが 4 こ分　0.1Lが 9 こ分

② 0.8L − 0.3L ＝ 0.5 L
　0.1Lが 8 こ分　0.1Lが 3 こ分　0.1Lが 5 こ分

考え方 小数のたし算やひき算は0.1がいくつあるかを考えて計算すると，整数の場合と同じしくみで計算できます。

2 ① 1L ② 1.2L
③ 1.3dL ④ 0.8dL
⑤ 0.5m ⑥ 0.6km

考え方 0.1が10こで1, 0.1が15こで1.5,
0.1が20こで20, 0.1が25こで2.5…のよう
に考えます。

**ツボ その16 くり上がり・くり下がりがある小数の
たし算・ひき算**

43ページ

やってみよう！

1
```
①   4.2      ②   2.6      ③   7.8
   +2.7        +1.8        +3.5
   ────        ────       ─────
    6.9         4.4        11.3

④   2.5      ⑤   4.2      ⑥    21
   -0.7        -3.8        - 3.2
   ────        ────       ─────
    1.8         0.4        17.8
```

2 ⓘ

考え方 小数のたし算やひき算の筆算は, あの
ように右はしにそろえるのではなく, ⓘのよう
に位をそろえて書きます。

```
    ┌一の位┐
     7│5
   - 5│
   ──┼──
     2│5
```

3
① 式 4.2kg＋4.9kg＝9.1kg
　　答え　9.1kg
② 式 5.2km－2.8km＝2.4km
　　答え　2.4km

---

1 ① 0.1・1
② 0.8・8
③ 1.3・13

考え方 水のかさは, 0.1Lのいくつ分かで表せ
ます。

2 ア 0.1m イ 0.6m
ウ 1.7m エ 2.1m
オ 2.9m

3 ① 0.5cm ② 4.5cm
③ 25.7cm ④ 17.2cm
⑤ 2cm1mm・2.1cm

4 ① 0.6L ② 1.4dL
③ 1.5m ④ 0.6km
⑤ 0.6L ⑥ 1.5m
⑦ 5.6 ⑧ 4.2
⑨ 1.5 ⑩ 5.7

考え方 小数の計算は, 0.1をもとにして整数と
同じように計算します。

5 式 2.4L－1.7L＝0.7L
　　答え　0.7L

ツボ その17 分数で表す長さ・かさ

47ページ

やってみよう！

1 ウ

考え方

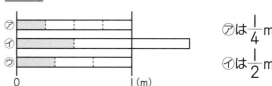

アは $\frac{1}{4}$m

イは $\frac{1}{2}$m

2 ㋑

考え方

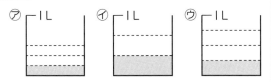

㋐は1Lを3等分（とうぶん）していないので $\frac{1}{3}$ ではありません。㋒は1Lの $\frac{1}{4}$ で $\frac{1}{4}$ L。

3

① $\frac{1}{5}$ mの1こ分の長さは、$\boxed{\frac{1}{5}}$ mてす。

② $\frac{1}{5}$ mの $\boxed{2}$ こ分の長さは $\frac{2}{5}$ mてす。

③ $\frac{1}{5}$ mの $\boxed{3}$ こ分の長さは $\frac{3}{5}$ mてす。

④ $\boxed{\frac{1}{5}}$ mの4こ分の長さは $\frac{4}{5}$ mてす。

⑤ $\frac{1}{5}$ mの5こ分の長さは $\boxed{1}$ mてす。

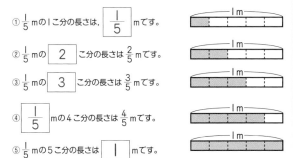

考え方 $\frac{5}{5}$ mは1mと同じ長さです。

ツボ その18 1より大きい分数のかさ・長さを表（あらわ）そう！

49ページ

やってみよう！

1 ① $\frac{4}{3}$ ② 5 ③ $1\left(\frac{3}{3}\right)$ ④ 6 ⑤ $2\left(\frac{6}{3}\right)$

考え方

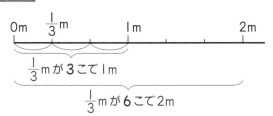

$\frac{1}{3}$ mが3こて1m

$\frac{1}{3}$ mが6こて2m

2

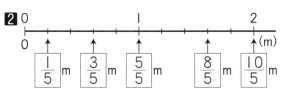

考え方 1mを5等分しています。

ツボ その19 同じ大きさの分数・小数（しょうすう）

51ページ

やってみよう！

1

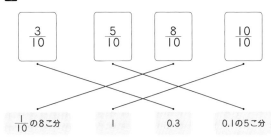

$\boxed{\frac{3}{10}}$ $\boxed{\frac{5}{10}}$ $\boxed{\frac{8}{10}}$ $\boxed{\frac{10}{10}}$

$\frac{1}{10}$ の8こ分　　1　　0.3　　0.1の5こ分

2 ① ＜　② ＞　③ ＜　④ ＞　⑤ ＝

考え方 小＜大，大＞小。

ツボ その20 分数で表す単位（たんい）のたし算（ざん）・ひき算（ざん）をしよう！

53ページ

やってみよう！

1

① $\frac{2}{7}$ L ＋ $\frac{3}{7}$ L ＝ $\boxed{\frac{5}{7}}$ L

$\frac{1}{7}$ Lの $\boxed{2}$ こ分　$\frac{1}{7}$ Lの $\boxed{3}$ こ分　$\frac{1}{7}$ Lの $\boxed{5}$ こ分

② $\frac{8}{9}$ L － $\frac{6}{9}$ L ＝ $\boxed{\frac{2}{9}}$ L

$\frac{1}{9}$ Lの $\boxed{8}$ こ分　$\frac{1}{9}$ Lの $\boxed{6}$ こ分　$\frac{1}{9}$ Lの $\boxed{2}$ こ分

2 ① 1L $\left(\frac{5}{5}L\right)$　② 1dL $\left(\frac{6}{6}dL\right)$

③ $\frac{3}{5}$ m　　　　④ $\frac{7}{10}$ km

1 ① $\frac{5}{6}$m　② $\frac{3}{4}$m　③ $\frac{1}{3}$m

　④ $\frac{4}{3}$m　⑤ $\frac{7}{4}$m　⑥ $\frac{6}{6}$m

2 ① $\frac{5}{3}$L　② $\frac{6}{5}$L　③ $\frac{7}{4}$L

3 ① $\frac{3}{10}$　② $\frac{2}{10}$　③ $\frac{5}{10}$

　④ $\frac{7}{10}$　⑤ $\frac{10}{10}$　⑥ $\frac{12}{10}$

4 ① 0.3　② 0.4　③ 0.5

　④ 1　⑤ 1.3　⑥ 2

5 ① $\frac{7}{10}$L　② $\frac{5}{7}$dL

　③ 1m $\left(\frac{5}{5}m\right)$　④ $\frac{9}{8}$kg

　⑤ $\frac{1}{6}$L　⑥ $\frac{4}{9}$dL

　⑦ $\frac{1}{4}$m　⑧ $\frac{2}{3}$kg

6 0, $\frac{2}{10}$, 0.3, 1.1, $\frac{12}{10}$, 10

考え方 0.1と $\frac{1}{10}$ が等しいということがわか

っていることがきほん。$\frac{1}{10}$ の何こ分, 0.1の

何こ分と考えて, 数の大小を考えます。

7 ① ＜　② ＞　③ ＜　④ ＝

ツボ その21 時間の単位のかんけいをおさえよう！

57ページ

やってみよう！

1 ① 24時間　② 60分

　③ 120分　④ 1時間30分

　⑤ 1時間40分　⑥ 80分

　⑦ 60秒　⑧ 90秒

　⑨ 1分10秒　⑩ 2分

考え方 1時間＝60分, 1分＝60秒をもとにし

て考えます。

ツボ その22 くり上がり・くり下がりのある時間の
たし算・ひき算

59ページ

やってみよう！

1 9時10分

考え方
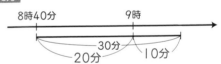

2 10時50分

考え方
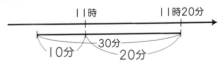

3 2時30分

4 2時間10分

考え方 30分＋40分＝70分。70分は1時間

10分なので, 答えは2時間10分になります。

15

1 ① 24時間　② 60分
　③ 60秒　④ 1分30秒
　⑤ 1時間40分　⑥ 200秒
　⑦ 1時間20分　⑧ 1分50秒
　⑨ 130分　⑩ 3分

2 ① 2時　② 4時20分
　③ 8時50分　④ 3時20分

考え方

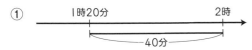

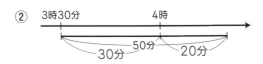

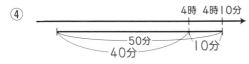

3

① 2時間10分

考え方 1時間20分と50分を合わせるときは，時間と分に分けて考えるとよいでしょう。

20分＋50分＝70分。70分＝1時間10分。

1時間10分＋1時間＝2時間10分

② 2時間20分

4 ① 秒　② 時間　③ 分　④ 秒　⑤ 分

単位マスターにんていテスト

62・63ページ

1 ① g　② mL　③ 分　④ mm

→復しゅうはツボその1・5・9・21（6・16・26・56ページ）

2 ① 100cm　② 10mm
　③ 1000m　④ 10dL・1000mL
　⑤ 100mL　⑥ 1000L
　⑦ 1000g　⑧ 1000kg
　⑨ 60分　⑩ 60秒
　⑪ 14dL・1400mL　⑫ 3L7dL
　⑬ 1kg700g　⑭ 5600g
　⑮ 4030g　⑯ 4t500kg

→復しゅうはツボその2・6・10・21（8・18・28・56ページ）

3 ① 0.1cm　② 5mm
　③ 1cm8mm・1.8cm
　④ 0.1L　⑤ 4dL
　⑥ 1L4dL・1.4L
　⑦ 2L5dL・2500mL

→復しゅうはツボその13・14（36・38ページ）

4

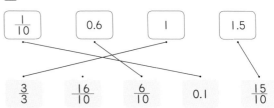

→復しゅうはツボその19（50ページ）

5

① 式　400mL＋900mL＝1L3dL
　答え　1L3dL

考え方 1000mL＝1L，100mL＝1dLなので1300mL＝1L3dL。

② 式　5t15kg−4t200kg＝815kg
　答え　815kg

→復しゅうは①ツボその8（22ページ），②ツボその12（32ページ）

算数

小学 **1・2・3**年生の

単位をおさらいできる本

2020年2月　第1版第1刷発行
2023年12月　第1版第3刷発行

カバー・本文デザイン／伊藤祝子
　　カバーイラスト／法嶋かよ
　　本文イラスト／みながわ こう

※本書は『3年生のうちにふりかえっておきたい　単位のツボ』
　を改題したもので、内容は同じです。

発行人／志村直人
発行所／株式会社くもん出版
　　　　〒141-8488
　　　　東京都品川区東五反田 2-10-2　　東五反田スクエア 11F
　　　☎ 編集　　03-6836-0317
　　　　営業　　03-6836-0305
　　　　代表　　03-6836-0301
印刷・製本／図書印刷株式会社

©2020 KUMON PUBLISHING Co., LTD
Printed in Japan

くもん出版ホームページアドレス
https://www.kumonshuppan.com/

CD57325

3 次の □ にあてはまる数を書きましょう。

① 1mm= ☐ cm　　　　② 0.5cm= ☐ mm

③ 18mm= ☐ cm ☐ mm= ☐ cm

④ 1dL= ☐ L　　　　⑤ 0.4L= ☐ dL

⑥ 14dL= ☐ L ☐ dL= ☐ L

⑦ 2.5L= ☐ L ☐ dL＝25dL= ☐ mL

4 同じ大きさの数を──でむすびましょう。

$\dfrac{1}{10}$　　　0.6　　　1　　　1.5

$\dfrac{3}{3}$　　$\dfrac{16}{10}$　　$\dfrac{6}{10}$　　0.1　　$\dfrac{15}{10}$

5 次の問題に答えましょう。

① ジュースを400mL飲みました。ペットボトルの中にはまだ900mLのジュースがのこっています。はじめは何L何dLありましたか。

式

（　　　　　　　）

② 4t200kgのごみしゅう集車がごみを回しゅうしました。ごみをつんだしゅう集車の重さをはかると5t15kgありました。回しゅうしてきたごみは何kgですか。

式

（　　　　　　　）